电网企业劳模培训系列教材

变电检修过程管理

国网浙江省电力有限公司　组编

中国电力出版社
CHINA ELECTRIC POWER PRESS

内 容 提 要

本书是“电网企业劳模培训系列教材”之《变电检修过程管理》分册，采用“项目—任务”结构进行编写，以劳模跨区培训对象所需掌握的专业知识要点、技能要领、典型案例三个层次进行编排，包括检修分类、检修计划、检修方案、检修准备、工作票实施流程、检修现场管理、检修验收、检修总结等内容。

本书可供电网公司变电检修、运维、基建等专业人员学习参考。

图书在版编目（CIP）数据

变电检修过程管理 / 国网浙江省电力有限公司组编 . —北京：中国电力出版社，2019.6
（电网企业劳模培训系列教材）
ISBN 978-7-5198-3225-4

Ⅰ. ①变…　Ⅱ. ①国…　Ⅲ. ①变电所－检修－技术培训－教材　Ⅳ. ① TM63

中国版本图书馆 CIP 数据核字（2019）第 105555 号

出版发行：中国电力出版社
地　　址：北京市东城区北京站西街 19 号（邮政编码 100005）
网　　址：http://www.cepp.sgcc.com.cn
责任编辑：穆智勇（010-63412336）
责任校对：黄　蓓　李　楠
装帧设计：赵姗姗
责任印制：石　雷

印　　刷：三河市万龙印装有限公司
版　　次：2019 年 7 月第一版
印　　次：2019 年 7 月北京第一次印刷
开　　本：710 毫米 ×980 毫米　16 开本
印　　张：6.75
字　　数：92 千字
印　　数：0001—1500 册
定　　价：35.00 元

丛书序

国网浙江省电力有限公司在国家电网公司领导下，以努力超越、追求卓越的企业精神，在建设具有卓越竞争力的世界一流能源互联网企业的征途上砥砺前行。建设一支爱岗敬业、精益专注、创新奉献的员工队伍是实现企业发展目标、践行“人民电业为人民”企业宗旨的必然要求和有力支撑。

国网浙江公司为充分发挥公司系统各级劳模在培训方面的示范引领作用，基于劳模工作室和劳模创新团队，设立劳模培训工作站，对全公司的优秀青年骨干进行培训。通过严格管理和不断创新发展，劳模培训取得了丰硕成果，成为国网浙江公司培训的一块品牌。劳模工作室成为传播劳模文化、传承劳模精神，培养电力工匠的主阵地。

为了更好地发扬劳模精神，打造精益求精的工匠品质，国网浙江公司将多年劳模培训积累的经验、成果和绝活，进行提炼总结，编制了《电网企业劳模培训系列教材》。该丛书的出版，将对劳模培训起到规范和促进作用，以期加强员工操作技能培训和提升供电服务水平，树立企业良好的社会形象。丛书主要体现了以下特点：

一是专业涵盖全，内容精尖。丛书定位为劳模培训教材，涵盖规划、调度、运检、营销等专业，面向具有一定专业基础的业务骨干人员，内容力求精练、前沿，通过本教材的学习可以迅速提升员工技能水平。

二是图文并茂，创新展现方式。丛书图文并茂，以图说为主，结合典型案例，将专业知识穿插在案例分析过程中，深入浅出，生动易学。除传统图文外，创新采用二维码链接相关操作视频或动画，激发读者的阅读兴趣，以达到实际、实用、实效的目的。

三是展示劳模绝活，传承劳模精神。“一名劳模就是一本教科书”，丛书对劳模事迹、绝活进行了介绍，使其成为劳模精神传承、工匠精神传播的载体和平台，鼓励广大员工向劳模学习，人人争做劳模。

丛书既可作为劳模培训教材，也可作为新员工强化培训教材或电网企业员工自学教材。由于编者水平所限，不到之处在所难免，欢迎广大读者批评指正！

最后向付出辛勤劳动的编写人员表示衷心的感谢！

丛书编委会

前　言

本书的出版旨在传承电力劳模“吃苦耐劳，勇于拼搏，勇于争优，善于创新”的工匠精神，满足一线员工跨区培训的需求，从而达到培养高素质技能人才队伍的目的。

本书在知识内容方面，主要依据《国家电网公司变电检修通用管理规定（试行）》，根据变电检修人员工作要求和“实用、实际、实效”原则，以提升岗位能力为核心，涵盖了变电检修专业知识和技能经验。

本书在编写结构方面，主要采用“项目—任务”结构进行编写，主要包括检修分类、检修计划、检修方案、检修准备、工作票实施流程、检修现场管理、检修验收、检修总结等内容。本书以劳模跨区培训对象所需掌握的专业知识要点、技能要领、典型案例三个层次进行编排，构架合理，逻辑严谨，理念新颖。尤其在技能要领中，采用图文并茂的方式解说专业技能和检修技术，涵盖检修全过程技术要点等内容。

本书由国网浙江省电力有限公司宁波供电公司陈建武、蒋科若主编，国网浙江省电力有限公司宁波供电公司吴迪权、张甦涛、赵铁林、马丽军、梁流铭、刘鹏、严凌、翁张力、陈凯、金雪林、赖靖胤、姜炯挺、赵鲁臻、徐晾、胡华杰、华正轩、徐春土、李敬彦、潘庆、王露民、卢俊、左浩鑫、张国锋、施浩、余一栋、郑健、董润方、叶坚、陈中楣、高明、蔡振宇、张思宾、吕世斌、王强、章宏娟、陈卓莹参加编写。本书在编写过程中得到了翁晖、肖立飞等专家的大力支持，在此谨向参与本书审稿、技术指导的各位领导、专家和有关单位致以诚挚的感谢！

限于编写时间和编者水平，不足之处在所难免，敬请各位读者批评指正。

编　者

2019 年 6 月

目　录

变电检修劳模创新工作室简介

变电检修劳模创新工作室是在徐坚刚劳模工作室和翁晖劳模工作室的基础上不断拓展、演变而来，融入了新一代青年劳模肖立飞和梁流铭，形成了由劳模、专家、业务骨干等组成的一支高素质、高技能专业创新团队，使得劳模队伍在生产建设、科研创新、技术教学、人才培养等方面能力日趋完善。

变电检修劳模创新工作室由劳模精神展示区、创新成果及文化风采长廊、开放式培训区、一次检修试验演练平台、二次状态检修评价中心和众创空间共同构成。工作室以“传承、培训、创新”为基础功能定位，为传承劳模精神、专业人才培训和员工创新创效提供平台。通过劳模精神引领和传承，引导新一代检修人才脚踏实地，爱岗敬业；通过实操演练平台，锻造检修队伍更加专业专注，精益求精；通过众创空间，激发广大员工创新创效，岗位建功，实现将劳模创新工作室的成果用于提升现场安全生产水平、检修专业管理能力和人才培养效率的目的。

变电检修劳模创新工作室拥有 4 名超强的领衔劳模，组建了 3 个劳模团队。截至 2018 年，团队拥有国网专家及后备专家 4 名，省公司专家及后备专家 6 名，市公司专家及后备专家 30 名，充分发挥着劳模、专家示范、引领和骨干带头作用。工作室积极组织高技能人才团队开展各类技术层面的攻关，解决技术难题，运用于工作实际，推动团队科技创新，努力使劳模创新工作室成为企业的智囊团、岗位的创新源项目的攻关队、人才的孵化器和团队的方向标。截至 2018 年 12 月，工作室获得国家级、省级、国家电网公司级奖项 31 项；市级、华东电网、省公司级奖项 247 项；市公司级奖项 791 项。

变电检修劳模创新工作室坚持“立足专业、劳模先行、专家主体、全员参与”的工作理念和“立足企业、服务专业、面向检修、辐射全局”的工作思路，通过建立“青年成长成才”为导向“五级两通道”人才培养体系，加快高技能人才队伍的培养，充分发挥团队资源优势，打造一个属于检修特色、高效人才孵化的劳模创新工作室。

项目一

检修分类

》【项目描述】 本项目主要介绍检修分类，通过任务描述、知识要点、技能（技术）要领介绍变电检修工作的具体分类。

任务一 检 修 分 类

》【任务描述】 本任务主要讲解检修的分类及分类的标准、检修过程中各相关人员的职责。通过对检修分类的描述，使基层检修人员更加清楚检修工作的目的，能更好地履行各自的职责、做好检修工作。

》【知识要点】

例行检修：从设备试验、保护装置校验的周期性考虑，每隔几年需要进行的一、二次设备常规的预防性试验，如110（66）kV及以上变压器的基准例行检修周期为3年。

》【技能（技术）要领】

一、按变电检修具体工作分类

电网变电设备的检修工作，从是否有计划的角度，可分为日常检修与电网应急。

1. 日常检修

日常检修可细分为例行试验、消缺、大修、技改、反措执行等工作。

(1) 例行试验是为获取设备状态量，评估设备状态，及时发现事故隐患，定期进行的各种带电检测和停电试验。例行试验通常按周期进行。对于停电的例行试验，各单位可依据自身设备状态、地域环境、电网结构等，酌情延长或缩短基准周期。调整后的基准周期一般不小于1年，也不大于标准基准周期的1.5倍。

(2) 大修是为变电站变电设备运行状态劣化、日常消缺无法满足设备正常运行状态时进行的常规大修项目。

（3）技改是对变电站内设计不合理或者技术要求不符合现行运行要求的部分系统进行技术改造，使其更加合理、高效地发挥供电作用。

2. 电网应急

电网应急即紧急缺陷的处理。紧急缺陷是指严重威胁设备的安全运行，不及时处理随时有可能导致事故的发生，必须尽快消除或采取必要的安全技术措施进行处理的缺陷。紧急缺陷发生时，电网调度确认现场情况后，第一时间通知检修单位调度联系人，由检修单位即刻响应安排人员前往处理。

二、按停电检修范围、风险等级、管控难度等情况分类

检修可分为大型检修、中型检修、小型检修，见表 1-1。

表 1-1　　检修分类

<table>
<tr><th>分类标准</th><th>大型检修</th><th>中型检修</th></tr>
<tr><td>停电检修范围</td><td>110（66）kV 及以上同一电压等级设备全停检修；
一类变电站年度集中检修</td><td>35kV 及以上电压等级多间隔设备同时停电检修；
110（66）kV 及以上电压等级主变压器（简称主变）及各侧设备同时停电检修；
220kV 及以上电压等级母线停电检修</td></tr>
<tr><td>风险等级</td><td>一类变电站年度集中检修</td><td>二、三类变电站年度集中检修</td></tr>
<tr><td>管控难度</td><td>单日作业人员达到 100 人及以上的检修</td><td>单日作业人员 50～100 人的检修</td></tr>
<tr><td>其他</td><td colspan="2">其他本单位认为重要的检修</td></tr>
<tr><td colspan="3">不属于大型检修、中型检修的现场作业定义为小型检修，如 35kV 主变压器检修、单一进出线间隔检修、单一设备临时停电消缺（简称临停消缺）等</td></tr>
<tr><td colspan="3">附：</td></tr>
<tr><td>一类变电站</td><td colspan="2">交流特高压站，核电、大型能源基地（300 万 kW 及以上）外送及跨大区（华北、华中、华东、东北、西北）联络 750/500/330kV 变电站</td></tr>
<tr><td>二类变电站</td><td colspan="2">除一类变电站以外的其他，750/500/330kV 变电站，电厂外送变电站（100 万 kW 及以上、300 万 kW 以下）及跨省联络 220kV 变电站，主变压器或母线停运、断路器拒动造成四级及以上电网事件的变电站</td></tr>
<tr><td>三类变电站</td><td colspan="2">除二类以外的 220kV 变电站，电厂外送变电站（30 万 kW 及以上、100 万 kW 以下），主变压器或母线停运、断路器拒动造成五级电网事件的变电站，为一级及以上重要用户直接供电的变电站</td></tr>
<tr><td>四类变电站</td><td colspan="2">除一、二、三类以外的 35kV 及以上变电站</td></tr>
</table>

项目二

检修计划

》【项目描述】 本项目主要讲解作业计划相关内容。通过对年、月、周计划编制过程的讲解及对工作计划管理方式的讨论等，使员工了解变电检修作业计划的编制，熟悉工作计划管理的方法与要点等内容。

任务一 年计划编制管理

》【任务描述】 本任务主要讲解年计划的编制流程、年计划制定的原则。使员工了解年度检修计划编制的工作模式，熟悉年计划管理的方法与要点等内容。

》【知识要点】

年度计划：县公司运检部每年 9 月 15 日前组织编制下年度检修计划，并报送地市公司运检部。省检修公司、地市公司运检部每年 9 月 30 日前组织编制下年度检修计划，并将 220kV 及以上电压等级设备检修计划报送省公司运检部。省公司运检部每年 12 月中旬完成 220kV 及以上电压等级设备检修计划的审批并发布。一类变电站年度检修计划 12 月 31 日前报送国网运检部备案。省检修公司、地市公司运检部每年 12 月下旬完成所辖设备检修计划审批并发布。

》【技能要领】

一、检修计划的收资

1. 设备检修需求

指设备运行状况、超周期服役、缺陷信息、家族性问题等。

(1) 设备服役年限较长，老化严重，影响正常运行需要更换。

(2) 设备长期运行，试验超周期，须停电例行试验。

(3) 设备存在家族性缺陷或问题，造成隐患，需要及时消除。

(4) 设备状态评价、反措排查发现设备运行工况差，需要整改。

2. 电网建设需求

指扩建、改造、市政等工作。

（1）社会用电量增长，电网正常扩建、改造。

（2）配合市政需求，电网停役、改造，例如配合高铁、市政建设引起输电线路陪停。

二、年度检修计划制定的原则

各级供电公司运检部在制定年度计划时，主要依据以下原则：

1. 关注设备，应修必修

设备是电网运行的基础，设备的健康运行是正常供电的保证；运行工况差、超期服役、存在缺陷的设备是电网运行的“定时炸弹”。年计划制定时首先需要考虑的即是设备的状况，在设备状态评价的基础上，对于有问题的、需要检修重新达到健康状态的设备，必须列入计划安排检修，切不可因设备失修造成电网隐患，影响正常供电。

例：××公司××变电站投产超过 2 年，按规定投产 1 年后须进行首检，列入年度计划。

××变电站 110kV 母线隔离开关为××公司早期产品，存在关键转动部位易锈蚀卡涩的家族性缺陷，列入年度计划安排更换。

2. 轻重缓急，有序安排

变电设备规模随着社会用电量需求的增长而大幅增长，而考虑社会用电后的电网停电窗口、检修部门的人员设备承载力均是有限的，因此需要对设备的检修需求按轻重缓急有序安排。在经过设备状态评价、综合考虑运行状态后，对设备的检修需求分类，统筹安排。

3. 安全第一，兼顾效益

为尽量减少停电检修对社会用电的影响、提高检修部门人员的合理利用率，停电计划的编制需以变电站综合检修为主。综合检修实施时统筹考虑设备的技改大修需求、超周期服役状况等因素，同时结合考虑电网建设需求。

【典型案例】

［例 1］ 2017 年 4 月××变电站集中检修，综合考虑了：

(1) ＃1 主变近区短路后主变抗短路能力不足，需要更换。

(2) 220kV 母差双重化配置要求，需要停役改造保护与电流互感器。

(3) 220kV××型隔离开关存在静触头卡涩家族缺陷，需要更换。

(4) 500kV××变电站新建完毕，下级 220kV 线路走向配合调整，该变电站其中 1 条线路改从新 500kV××变电站供电。

［例 2］ ××保税区 220kV××变电站扩建第三台主变，但该区域工业用电负荷大，无法承受连续停电 9 天的扩建方案。后经供电公司多方平衡后，将检修计划安排于春节工厂放假期间进行，尽量降低对社会用电的影响。

任务二 月度计划编制管理

【任务描述】 本任务主要讲解月计划的编制来源、月计划制定的原则。使各级员工了解月检修计划编制的工作模式，熟悉月计划管理的方法与要点等内容。

【知识要点】

月度计划：省检修公司、地市公司、县公司运检部依据已下达的年度检修计划，每月 10 日前组织完成下月度检修计划编制并报送各级调控中心。各级运检部应参加各级调控中心组织的月停电计划平衡会。各级运检部根据调控中心发布的停电计划对月检修计划修订后组织实施。

【技能要领】

一、月度检修计划的来源

1. 年度计划按月分解

按既定的年度计划，分解到月，生成月计划的基本框架。

2. 年度计划之外的调整

（1）年计划中其他月计划的时间调整。受设备供货、天气条件、电网保供电等因素影响，造成当月或上月计划时间有部分调整，影响到当月计划的调整。

（2）新增停电计划。年度计划在上一年度的7月开始制定，至当年特别是下半年开始实施时，设备运行状况、近期发生的缺陷、专业管理部门制定的最新反措要求会发生较大变化，相应的月度计划须作出相应的调整。

（3）计划取消。受设备供货、天气条件、电网保供电等因素影响，取消某些检修计划。

二、月度检修计划制定的原则

1. 综合考虑，适当调整

（1）刚性执行年度计划。计划的刚性执行是检修工作正常开展的基础。月度计划的编制必须以年计划为基准，原则上不允许未列入年计划的检修项目随意加入月度计划。

（2）关注重点设备健康变化。对于运行工况恶化、不开展检修极易发生故障停电的设备，在综合评估考虑后，须加入月度计划安排检修工作，避免设备发生故障临时停役，影响电网的正常运行。

2. 评估检修承载力，保留安排裕度

年度计划以设备检修需求为核心，重点关注设备健康状况。而月计划在年度计划的基础上，还需关注检修部门的承载力，关注生产资料是否充足，并为不停电的计划工作留出裕度。

【典型案例】

［**例1**］ ××供电公司变电检修室共有变电检修专业员工××人、继电保护专业员工××人、高压试验专业员工××人、起重指挥专业员工××人。按此规模，一个自然月内开展两项大型综合检修，已是检修力量承载力上限，且会影响其他中小型工作的正常安排，须慎重考虑。

［例 2］ 检修部门有吊机 3 辆、升高车 5 辆、主变滤油机 2 台、大功率抽真空设备 2 台、大容量谐振耐压设备 1 套。月计划安排大型检修项目时需考虑设备现状，错开关键工序的时间。

［例 3］ 每年的 6 月需要安排设备迎峰度夏的专业化巡视，同时开展设备状态评价，为下一年的年度计划做准备，同时又恰逢梅雨季节，因此 6 月不宜安排户外大型检修工作。

任务三 周计划编制管理

【任务描述】 本任务主要讲解周计划的制定及编制的原则。使各级员工了解周工作计划编制的工作模式，熟悉周计划管理的方法与要点等内容。

【知识要点】

周计划：地市公司业务室（县公司）依据已下达月检修计划，统筹考虑专业巡视、消缺安排、日常维护等工作制定周工作计划。需设备停电的，提前将停电检修申请提交各级调控中心。

【技能要领】

一、周计划的制定及来源

1. 停电计划的制定

（1）月度计划分解到周，形成周计划主体框架。

（2）35kV 及以下电压等级的停电计划。

低压领域的单间隔（如电容器等）停电工作，不经过调控中心的月度计划流程，而由计划专职在当周直接向调控中心提交下周的停役申请单，调控中心根据电网运行状况予以批准，写入周计划。

2. 非停电计划制定

（1）各类不停电消缺：地电位、辅助回路上的消缺。

（2）各专项工作：专业化巡视、各设备带电测试、反措执行等。

二、周检修计划编制的原则

1. 停电计划刚性执行

严格按照月度检修计划分解执行。月度检修计划是检修计划的核心，月度检修计划编制时已充分考虑了人员、设备、电网的承载力，已统筹协调了各部门单位之间的配合，不允许随意变更。同时，计划工作的刚性执行是检修工作顺利开展的根本保障，随意变更计划将产生蝴蝶效应，影响整个检修工作的顺利开展。

2. 全计划管控人员承载力

除了检修工作，检修部门基层班组还承担着各项创新研究、比武竞赛、生产会议、应急保电等各项任务，均须按计划进行管控，因此应充分考虑班组的人员承载力。

【典型案例】

某公司变电检修室采取周计划网格化管理手段，如图 2-1 所示，直观展示每一个班组每天的人员去向，以检修、竞赛、会议、应急综合大计划的模式管控人员承载力，保证生产工作的正常进行。

	周一10.09	周二10.10	周三10.11	周四10.12	周五10.13
一次一班 23人			衣亭 邵益 跃龙 周放	犀石 芦江 曲池 周放	冷岙 凋山 周放 象北
二次一班 15人			沥洋 桑田	沥洋 周宿	沥洋 冷岙 冷岙 沙河
一次二班 22人	瑶溪	洪塘 瑶城	洪塘 淞浦 浙炼 寿江 锦堂 水云	洪塘 达蓬 禹帆、余能 瑶溪 孔浦 吴家	洪塘 双浦 浴梅 洪塘 庄桥 道惠
二次二班 14人	瑶溪	贵江	浙炼 淞浦 新舟 上湖	达蓬 新舟 孔浦 洪塘	双浦 静居 汉川 庄桥
一次三班 24人			侯青 潘桥 周放 周放	屯山 殷塘 周放 周放	下应 文化 周放 周放
二次三班 16人			栎社 各变 潘桥	栎社 各变 通济	栎社 文化 各变 嘉邮

图 2-1 周计划

3. 专项工作合理安排

在周计划中，未列入月度计划的低压设备停电检修、不停电工作、各专项工作平均占比高达74%。因此，在月度计划分解到周刚性执行的基础上，专项工作的合理安排就极为重要。例如将不同专业、不同内容在同一变电站的工作安排至同一天，可避免检修/运维人员、检修车辆的重复安排，提高检修效率。

任务四 里程碑管控

【任务描述】 本任务主要讲解里程碑管控的实质与内容。使各级员工了解里程碑管控大型工作的工作模式，熟悉里程碑管控的方法与要点等内容。

【知识要点】

里程碑管控是在大型检修工作计划发布后，按停电时间确认现场踏勘、方案编写、班前会等关键节点的责任人、参与人与实施时间。各部门班组根据里程碑表来进行具体工作的人员、时间管控，来保障大型检修工作顺利完成。

【技能要领】

检修计划的制定是检修工作开始实施的第一步，之后的全过程、全范围管控是检修工作顺利实施不可或缺的部分。检修室根据工作量的大小、难度的高低、参与人数的多少将检修工作分为大型工作和小型工作，并制定相应的管控计划。

一、大型检修工作里程碑管控计划

对于大型检修工作，变电检修室采取里程碑管控的制度模式。

里程碑管控制度加强“一案三会”节点管控，定人、定时、定责，大型检修工作的踏勘、班组施工方案初稿、方案审核稿、班前会、方案审批等环节的时间、人员均提前落实并公布，确认工作的责任班组和责任人以及技术组管理人员和分管领导，使大型检修工作关口前移，班组能提早做好工作预想，做好人员预排，杜绝人员安排不合理、不合规的情况。

变电检修室在月度计划编制完成后，根据月度计划中的大型工作的计划，编制相应月度的里程碑管控表（见图 2-2）并下发至各生产班组。里程碑管控表包含所有当月即将进行的大型工作项目，并明确各项工作的责任人及配合人、各关键节点的具体时间等因素。

变电检修室10月主要工作里程碑管控表

注：主管技术员栏中加粗之人为整体项目牵头人

序	单位	工作地点	设备类	设备名	主要工作内容	停役日期	复役日期	停电天	主管领	主管技术员	主编班组	参与班组	踏勘时	班组初稿时	审核稿时	班前会时	审批时
1	宁波公司	大桥变	线路间隔	广大1530线、110kVI段母线	一次设备预试、维护、油化，保护、测控校验，间隔防腐；广大1530母线闸刀接头发热消缺	10月10日	10月10日	1	顾伟	王海江、华正轩、	变电检修一班	电气试验一班，电气试验二班	9月20日前	9月23日前	9月26日前	9月27日前	9月28日前
2	宁波公司	荷花变	线路间隔、变压器、母线	新荷1375线、#1主变及两侧开关、10kVI段母线、#2主变	一次设备预试、维护、油化，保护、测控校验；主变除尘	10月10日	10月21日	12	马丽军	王海江、姜炯挺、肖立飞	变电检修一班	电气试验一班，电气试验二班、变电二次运检一班	9月20日前	9月23日前	9月26日前	9月27日前	9月28日前
3	宁波公司	中山变	开关、母线	晨中1082、10kVI段母线	一次设备预试、维护、油化，保护、测控校验；开关柜出线电缆封堵情况检查处理，10kV母线非典型柜母线走向排查。	10月10日	10月11日	2	马丽军	王海江、胡华杰、姜炯挺、姚晨	变电检修三班	电气试验一班，电气试验二班、变电二次运检三班	9月20日前	9月23日前	9月26日前	9月27日前	9月28日前
4	宁波公司	中山变	主变	#1主变	主变工厂化检修，保护、测控校验。	10月10日	11月10日	32	马丽军	金雪林、姚晨	变电检修三班	火电公司	9月20日前	9月23日前	9月26日前	9月27日前	9月28日前
5	宁波公司	彭山变	线路间隔、变压器、母线	洪彭1154、#1主变、35kVI段母线、10kVI段母线	一次设备预试、维护、油化，保护、测控校验，设备消缺；开关柜出线电缆封堵情况检查处理，35kV、10kV母线非典型柜母线走向排查。#1主变110kV中性点套管油位到零检查消缺等。	10月12日	10月13日	2	蒋科若	姜炯挺、金雪林、杨卓霞	变电检修二班	变电检修四班，电气试验一班，电气试验二班、变电二次运检二班	9月20日前	9月23日前	8月25日前	9月26日前	9月27日前
6	宁波公司	长石变	母线、主变	#1、#2主变，35kVI、II段母线	一次设备预试、维护、保护、测控校验。	10月13日	10月16日	4	蒋科若	王海江、吕世斌、姜炯挺	变电检修二班	电气试验一班，电气试验二班、变电二次运检二班	9月19日前	9月22日前	9月26日前	9月27日前	9月28日前
7	宁波公司	江南变	母线、主变、线路	220kV付母线、#2主变、220kV母联、220kV旁母线、220kV旁路开关、春江4R09线、春南4R10线、待用2JNII	#2主变220kV开关、220kV母联开关、220kV旁路开关更换，#2主变220kV主变副母闸刀、220kV旁路开关、春江4R09线、春南4R10线副母闸刀大修、220kV母联开关副母闸刀更换。	10月14日	10月22日	9	马丽军	胡华杰、华正轩、吕世斌	变电检修一班	变电检修四班，电气试验一班，变电二次运检一班	9月13日前	9月23日前	9月27日前	9月28日前	9月29日前
8	宁波公司	土桥变	线路间隔、变压器、母线	下土1061、#1主变及两侧开关、10kVI段母线、下桥1060	一次设备预试、维护、油化，保护、测控校验，主变有载吊检，间隔防腐；10kVI段母线桥架放电声响大消缺	10月18日	10月21日	4	蒋科若	金雪林、姜炯挺	变电检修三班	电气试验一班，电气试验二班、变电检修四班	9月25日前	9月27日前	9月29日前	10月10日前	10月11日前
9	宁波公司	洪塘变	主变	#1、#2主变线	一次设备预试、维护、保护、测控校验。	10月18日	10月21日	4	蒋科若	金雪林、姜炯挺、姚晨	变电检修二班	电气试验一班，电气试验二班、变电二次运检二班	9月22日前	9月27日前	10月10日前	10月11日前	10月12日前

图 2-2　变电检修室某年 10 月里程碑管控表

里程碑管控表同时通过变电检修室主页公布，使各相关责任人时刻牢记各自的工作责任，避免大型检修工作准备项目遗漏、准备不充分等情况出现。

二、小型检修工作的技术与安全管控

对于小型检修工作，检修室采取班组周一安全例会的时候集全班组之力逐一分析的模式。全体班员共同参与讨论每一条小型检修工作的技术与安全措施，集思广益做好每一个检修工作。

项目三

检修方案

≫【项目描述】 本项目包含检修项目方案编制要点、检修方案审批规定两方面内容。通过知识要点、技能要领解说，了解检修方案相关知识，熟悉检修方案需要注意的规定流程，做到全面考虑、重点提醒，对检修起到指导和辅助作用。

任务一　检修项目方案编制要点

≫【任务描述】 本任务主要讲解检修方案编制相关内容。通过对大（中）型检修项目检修方案、小型检修方案编制技能要点分析，使各类检修作业人员熟悉并掌握检修方案编制要求、方法及重点，进而指导实际工作。

≫【知识要点】

检修方案是检修项目现场实施的组织和技术指导文件，根据适用范围不同，可分为大（中）型检修项目检修方案和小型检修方案。

≫【技能要领】

检修方案编制时应遵循《国家电网公司变电检修管理规定（试行）》（国网（运检/3）831—2017）规定要求，分为大（中）型检修项目检修方案和小型检修方案两类。

大（中）型检修项目检修方案主要针对多作业面、作业人员较多、作业难度较大、安全与质量管控难度较大的各类大（中）型检修项目进行编制。为理清工作职责、规范施工要求和提升现场安全管控，大（中）型检修项目检修方案分为总方案（××站检修方案）和分方案（××站××分作业面作业方案）。

小型检修方案主要针对单个作业面、安全与质量管控难度不大、作业人员相对集中的施工项目和一些疑难缺陷的处理。小型检修方案格式内容编制相对简单，可参考大（中）型检修项目检修方案相关内容进行编制，本书不再具体展开介绍。

一、总方案编制技能要点

总方案应包括编制依据、工作内容、检修任务、组织措施、安全措施、技术措施、物资采购保障措施、进度控制保障措施、检修验收工作要求、作业方案等各种专项要求。

1. 安全措施编制技能要点

为确保检修过程安全处于可控、能控、在控状态，安全措施编制需按照现场踏勘危险点辨识和预控，进行针对性编写，必须关注以下内容，并根据实际情况适当补充完善。

(1) 必须严格按照 Q/GDW 1799.1—2013《国家电网公司电力安全工作规程（变电部分）》中相关规定执行。

(2) 确保安全控制措施的科学性，原则上按照风险消除、隔离、警示的思路进行。

(3) 控制措施必须有针对性。

重点关注以下内容：

1) 作业现场触电伤害、高处坠落伤害等安全风险预控。

2) 制定满足现场作业要求的安措设置，例如安全围栏设置、临时作业通道设置、设备解锁管控等。

3) 各专业间、各作业面间交叉作业要体现相应的安全措施。

2. 技术措施编制技能要点

技术措施编制主要从工作流程、实施方法和工艺要求方面描述整体性技术保障措施。

(1) 重点关注各专业间（作业面）相关工作流程和工艺要求。

(2) 重点关注各关键施工节点的相关工作流程和工艺要求。

(3) 重点关注各专业（作业面）关键工作内容的技术管控，具体技术工艺要求主要在分方案中体现。

3. 物资保障措施编制技能要点

(1) 责任到人。①成立物资保障组，确定物资负责人；②梳理现场备品备件、物资库存情况，对紧缺物资制定采购计划；③在现有物资与所需物资之间进行查遗补缺；④跟踪物资采购情况，加强与供货单位的协调联系，做好材料、设备质量管控，保证相关备件、材料提前到位。

（2）节点管控。提前联系物资负责人确定到货时间，并定期关注物资到货进度。

（3）应急措施。制定物资无法按期到货的备用方案。检修前一周物资负责人需检查、核对此次检修所需备品是否已到货且齐备；若仍有检修物资未到货，应及时通知协调人及现场总指挥，由总指挥紧急联系采购相关备品。

4. 进度控制保障措施编制技能要点

为确保综合检修能如期完成，需编制详细的专项作业方案，各专业作业面以检修工作进度为关键路径，按照现场作业流程合理安排穿插作业项目，按作业任务单进行完成项确认，做到有条不紊、忙而不乱。具体各作业面进度一览表见表3-1。

表3-1　××变电站检修各作业面检修进度一览表

序号	项目内容	4月10日	4月11日	4月12日	4月13日	4月14日	4月15日	4月16日	4月17日
1	甲乙4P75线间隔C检，间隔反措、防腐、精益化检查与整改								
2	220kV正母及其电压互感器、母联间隔C检，配合220kV丙丁4P58正母隔离开关更换								
3	丙丁4P58线C检，母线隔离开关更换、间隔消缺、反措、防腐								
⋮	⋮								

重点关注以下内容：

（1）需满足各专业技术措施要求，例如在进行变压器更换工作时，高试专业和继保专业的进度安排需考虑变电检修专业变压器特殊工艺（注油、静置等）要求来进行统筹安排。

（2）需合理考虑各专业交叉作业及配合，明确各交叉作业内容、节点，结合安全措施要求，符合技术措施规范，深入优化作业项目顺序，细化专业配合流程，以最大限度提高工作效率。

（3）根据工作内容，合理进行检修力量配置，提升检修效率。

（4）需全面考虑各种突发情况对检修进度的影响，针对性制定各类应急措施，以确保工作按计划完成。例如针对天气影响，需在停电一周前每日跟踪天气预测精确变化情况，及时进行动态调整。

5. 检修验收工作要求

设备验收工作严格按照两级验收原则开展验收工作。两级验收程序为：一级验收为班组现场自验收；二级验收为现场指挥部验收。为提高验收工作效率，两级验收工作现场应尽量按秩序进行，也可结合各作业面不同作业进度及时开展验收工作，以便及时发现问题提出整改，避免重复劳动。各级验收工作按要求持卡验收。

二、分方案编制技能要点

分方案主要为某一作业面检修项目编制的针对性检修方案，主要包括工作内容、停电范围及停电时间、人员安排及进度控制、关键工艺质量控制措施、风险辨识与预控措施、验收关键环节等内容。

1. 关于检修方案作业面的划分

（1）整体原则。作业面可根据实际停电方式与现场情况进行合理划分，但要保证各作业面方案中风险辨识与预控措施详细全面，各作业面之间的安全技术措施在总方案中全面体现。

（2）每个作业面按一次、二次专业要求编制作业面方案，对专项技改、大修、重大特殊工作宜制定专项方案。

2. 停电范围及停电时间编制技能要点

编制停电范围时主要采用图表形式来说明本作业面具体停电范围、时间。

（1）一次停役设备状态图。如图 3-1 所示，在图上体现该作业面所有检修设备的一次状态，与检修设备相邻接的间隔、母线等的带电情况。工作人员在实际工作中可依据此图准确辨识现场哪些设备处于带电状态，从而规避危险点。

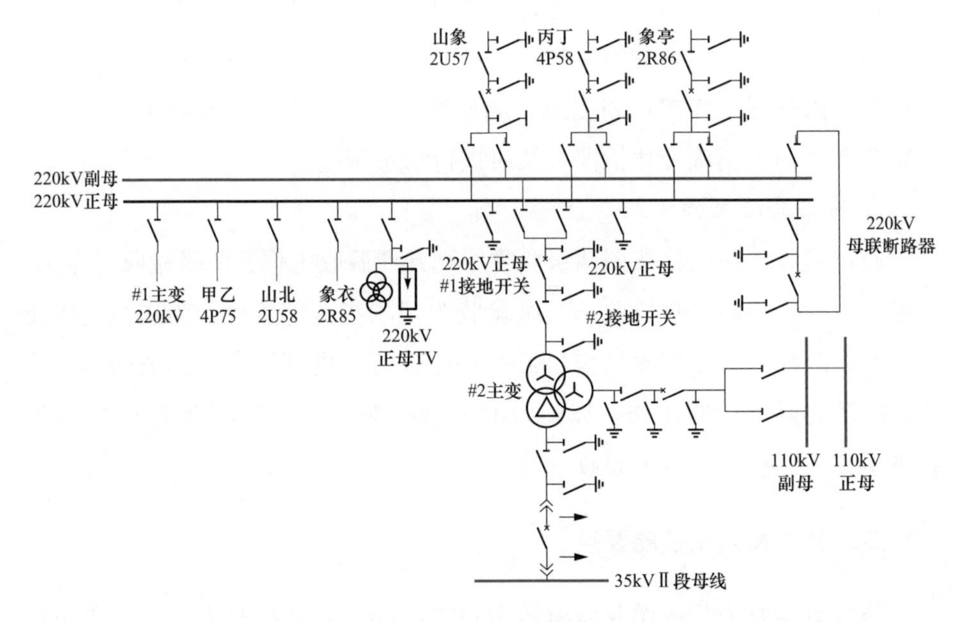

图 3-1　一次停役设备状态图

（2）施工作业平面定置图。依照现场实际设备位置，制定出平面定置图，绘制安全围栏，标记临时接地线，对登高车、吊车等容易触碰运行设备的车辆进行定置定位，规划进出入路线等，如图 3-2 所示。

3. 关键工艺质量控制措施编制技能要点

提出本工作面工作内容所有专业针对性关键工艺质量控制措施，具体可参考各专业作业指导书编制现场作业执行卡。

4. 风险辨识与预控措施编制技能要点

参考总方案中安全措施编制要点进行编制，并对本作业面中各专业重要、特殊危险点提出风险辨识与预控措施。

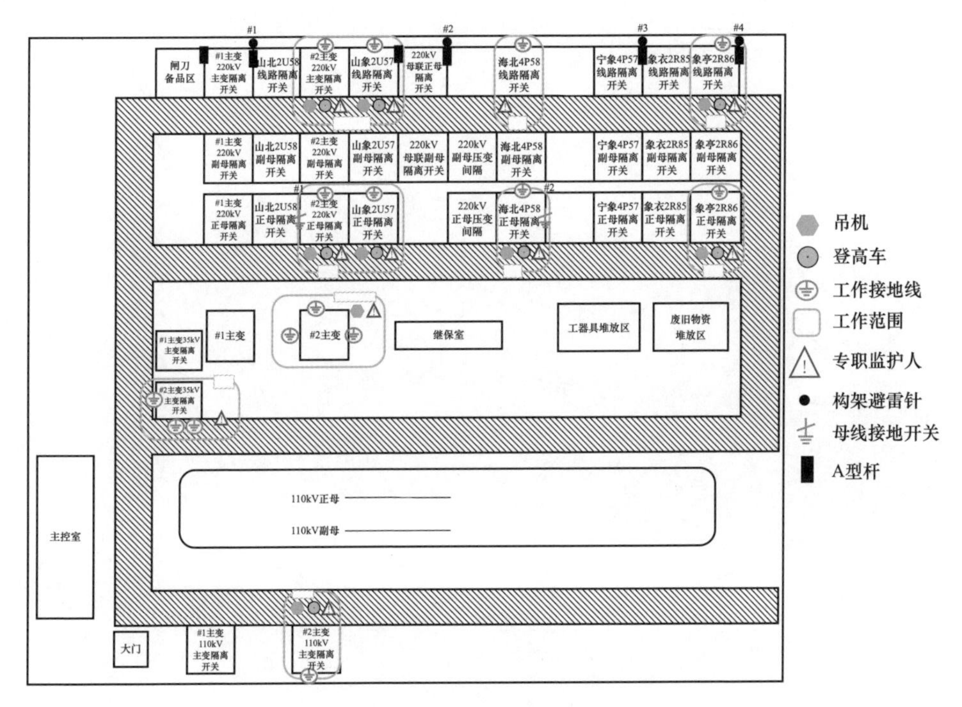

图 3-2 施工作业平面定置图

任务二 检修方案审批规定

【任务描述】 本任务主要讲解检修方案审批相关内容。通过对《国家电网公司变电检修管理规定（试行）》（国网（运检/3）831—2017）进行解读，使各类检修作业人员熟知检修方案审批要求。

【知识要点】

根据《国家电网公司变电检修管理规定（试行）》（国网（运检/3）831—2017），大型检修项目实施前30天，中型检修项目实施前15天，检修项目实施管理单位应组织完成检修方案编制；检修项目管理单位运检部组织安质部、调控中心完成方案审核，报分管生产领导批准。大型检修项目检修方案应报省公司运检部备案。小型检修项目实施前3天，检修项目实施单位应组织完成检修方案编制和审批。

项目四

检修准备

》【项目描述】 本项目包含现场勘察、方案交底会、资料准备、工器具及施工材料准备、外协及厂家人员教育培训等五方面内容，通过知识要点、技能要领解说，介绍检修开始前准备工作的基本情况。

任务一 现 场 勘 察

》【任务描述】 本任务主要讲解现场勘察的相关内容。通过对勘察组织、人员要求以及现场具体实施相关内容的讲解，使员工掌握组织开展现场勘察工作技能。

》【知识要点】

（1）勘察：为全面掌握检修设备状态、现场环境和作业需求，检修工作开展前应按检修项目类别组织合适人员开展设备信息收集和现场勘察，并填写勘察记录。

（2）勘察记录：勘察记录应作为检修方案编制的重要依据，为检修人员、工机具、物资和施工车辆的准备提供指导。

》【技能要领】

一、勘察的要求

（1）勘察人员应具备 Q/GDW 1799.1—2013《国家电网公司电力安全工作规程（变电部分）》中规定的作业人员基本条件。

（2）外来人员应经过安全知识培训，方可参与现场勘察，并在勘察工作负责人的监护下工作。

（3）检修工作负责人、各专业负责人、安全监护人、技术负责人应参与检修前勘察。

（4）大型检修项目由省检修公司、地市公司运检部组织检修前勘察。中型检修项目由省检修公司分部（中心）、地市公司业务室（县公司）组织检修前勘察。小型检修项目根据检修内容必要时由工作负责人赴现场勘察。

（5）现场勘察时，严禁改变设备状态或进行其他与勘察无关的工作，严禁移开或越过遮栏，并注意与带电部位保持足够的安全距离。

二、勘察人员勘察前的准备工作

（1）熟悉检修项目的作业内容，熟悉设计图纸；查询设备台账、参数。

（2）查询变电站清单，包含设备缺陷情况、反措执行情况、精益化问题、专业化巡视发现问题状态评价及隐患排查等内容。

三、现场勘察内容及要求

1. 现场核对工作内容及资料

（1）梳理检修任务，核实大修技改项目，对变电站“一站一库”清单中的问题及缺陷进行逐一梳理。

（2）核对检修设备台账、参数与现场设备铭牌是否一致。对改造或新安装设备，需核实现场安装基础数据、主要材料型号、规格，并与土建及电气设计图纸核对无误。例如CT更换时一次专业需要用仪器量取CT底脚及接线板孔距；二次专业需确认一二次接线极性、变比、二次容量和精确度、二次接线盒朝向等。

2. 核对计划停电方式

核对计划停电方式是否符合现场检修需要，根据实际工作内容是否需要调整计划停电方式。

3. 进行风险辨识及制定预控措施

（1）变电站现场触电伤害的风险辨识及制定预控措施。

1）勘察有无高压触电伤害的风险。核对与相邻带电部位距离是否满足工作要求（人员工作时与带电部位保持足够安全距离：220kV：≥3m；110kV：≥1.5m；35kV：≥1m；起重设备与带电部位保持足够安全距离：220kV：≥6m；110kV：≥5m；35kV：≥4m）；核对检修设备上方有无带电跨线穿越；核对车辆通道上方带电跨线与车辆顶部安全距离是否符合要求。

勘察有无误入带电间隔的危险，与运维人员一起确认围栏、标识牌设置方式正确；特殊危险点应做好相关技术、组织措施进行管控。

2）勘察有无线路感应电风险。如线路隔离开关检修需要临时拉开线路接地隔离开关，应事先挂设临时接地线。检修设备旁有平行带电母线且与接地开关距离超过一定距离会产生较大感应电时，需挂设临时接地线。确认工作所需各电压等级临时接地线规格、数量及挂设地点。

3）勘察有无低压触电伤害。检查检修电源箱内设备是否正常，安全防护装置完是否完备。

（2）变电站现场高处坠落伤害的风险辨识及制定预控措施。

1）勘察有无高处作业风险，是否需要使用登高作业平台及车辆，做好防止人身高处坠落、梯子倾斜摔倒伤人、交叉作业落物伤人、升高车误碰设备措施。例如在高压隔离开关上工作时使用防坠杆。

2）勘察有无临边工作，现场是否有坑洞，并制定有效防控措施。

（3）变电站现场其他伤害的风险辨识及制定预控措施。

1）勘察有无有毒有害物质伤害风险，例如 SF_6 中毒风险，做好风险预控措施。

2）勘察有无动火作业危险，做好风险预控措施。动火作业现场应注意防止周边易燃物品，应配备灭火器。

3）勘察有无有限空间作业风险。例如在人员进入电缆沟内工作前应先测试含氧量正常。

（4）其他注意事项及控制措施。勘察有无多专业班组交叉作业存在触电危险。有多班组配合作业时，合理安排工作流程，并设立专责监护人。例如传动高压断路器时防止一次设备有人工作，传动前告知总负责人，得到许可后才可进行传动，并须派人到现场监护。

4. 核对停电设备检修内容

根据国网十八项反措及设备精益化检查要求，核对停电设备检修内容是否符合要求（如户外设备线夹是否打滴水孔、户外主变压器温度计有无安装防雨罩等）。列出所有不符合要求的问题清单，并制定整改措施，做好所需物资准备。

5. 勘察现场环境是否满足作业条件

例如检修通道是否顺畅；相关设备（如电缆沟）是否需要防护；检修电源箱是否合格，与作业现场距离是否达到要求；变电站夜间照明是否合格、完备，满足现场作业需要。

反例：现场勘察不够全面，如未勘察现场检修设备的电源接取情况，造成 SF_6 回收装置电源只能在总开关输出端接取，违反 Q/GDW 1799.1—2013《国家电网公司电力安全工作规程（变电部分）》条例，未使用一机一闸一保护，如图 4-1 所示。

图 4-1 违规接取检修电源箱

任务二 方 案 交 底 会

【任务描述】 本任务主要讲解检修工作开始前需要完成的准备工作。内容包括施工方案编制、班前会的召开、工作票准备、资料准备、外协及厂家人员教育培训，工机具、试验设备、备件及材料、个人防护用品等的准备。

【知识要点】

1. 施工方案

根据编制依据、工作内容、检修任务、组织措施、安全措施、技术措施、物资采购保障措施、进度控制保障措施等各种专项要求编制施工方案。

2. 班前会

根据工作规模召开大型工作班前会或者小型工作班前会，对工作任务分工、技术要点、危险点及安全措施进行梳理。

3. 工作票

根据生产计划、施工方案编写工作票，包含停役设备、安全措施、工作内容、计划工作日期、工作班成员等要素。

4. 外协及厂家人员

指检修承包单位派至现场参加工作的人员以及设备厂家派至现场的技术支持人员。

5. 机具、试验设备、备件及材料、安全工器具及个人防护用品

工作班参与现场工作所需要的各类生产用具及材料用品。

【技能要领】

一、方案编制

现场踏勘完成后，工作负责人、专业负责人应编制检修方案。编制检修方案时应遵循《国家电网公司变电检修管理规定（试行）》规定要求，分为大（中）型检修项目检修方案和小型检修方案两类。具体编制方法见项目四。

二、班前会

大、中型项目需落实两级班前会制度。一级班前会由工作负责人、专业负责人、相关管理人员参加，明确停电方式、危险点及安全注意事项、

工作安排，提出危险点预控措施，解决各施工班组提出的问题，并形成书面记录。二级班前会由各专业负责人组织，向工作班成员介绍施工方案的相关内容，项目实施中对施工人员提出的要求，向所有工作成员交代工程进度控制、停电方式、危险点控制及安全注意事项，并形成书面记录。

日常检修的小型工作，各专业班组结合每周一的安全活动，以召开大班会的形式组织班前会，集合所有班员力量对本周工作进行全面、详尽的危险点分析。

1. 大、中型工作班前会

由工作负责人、专业负责人、相关管理人员参加一级班前会，大型项目需主管领导参加。

各专业班组负责人组织召开本班组二级班前会。交代工程进度控制、停电方式、危险点控制及安全注意事项，并对一级班前会中对相关问题的解决方法进行宣贯。

2. 小型工作班前会

各班组结合每周一的安全活动，以召开大班会的形式组织班前会。

班组长对本周工作任务的分析要突出重点有针对性地进行危险点及预控措施分析，不要讲空话、套话。

在班组安全活动记录中做好记录并签字。

三、工作票准备

工作负责人在工作前需根据现场踏勘、两级班前会的情况，并依据Q/GDW 1799.1—2013《国家电网公司电力安全工作规程（变电部分）》要求，正确填写工作票（工作票具体实施流程见项目五）。工作票所列工作内容、安全措施应正确完备，符合工作现场条件。

工作票负责人、工作票签发人在编写、签发、执行工作票时，必须履行Q/GDW 1799.1—2013《国家电网公司电力安全工作规程（变电部分）》要求的各项安全责任。

任务三 资 料 准 备

》【任务描述】 工作前负责人需要准备的资料主要包括变电各专业检修标准化现场执行卡、一次及二次设备说明书、图纸、工作联系单、整定单或者 SCD 文件、设备历年试验报告。同时根据工作人员的不同，准备临时用工安全教育卡、厂家人员现场安全教育卡、试卷等。

》【知识要点】

1. 现场执行卡

工作负责人在工作前应准备好作业指导书，并编制相应的现场执行卡。

2. 资料收集

工作负责人在工作前应准备好与本工作、检修设备、试验仪器有关的各类资料。

》【技能要领】

一、编制现场执行卡原则

（1）现场执行卡的编制原则为任务单一、步骤清晰、语句简练，可并行开展的任务或不是由同一小组人员完成的任务不宜编制为一张执行卡，避免现场执行卡繁杂冗长、不易执行。

（2）现场执行卡由检修工作负责人按模板编制，班长、副班长（专业工程师）或工作票签发人负责审核。

（3）现场执行卡正文分为基本作业信息、工序要求（含风险辨识与预控措施）两部分。

（4）编制现场执行卡前，应根据作业内容开展现场勘察，确认工作任务是否全面，并根据现场环境开展安全风险辨识、制定预控措施。

（5）作业工序不可逆时，应在工序序号上标注 *，如 *2。

（6）工艺标准及要求应具体、详细，有数据控制要求的应标明。

（7）现场执行卡编号应在本单位内具有唯一性。按照“变电站名称＋工作类别＋年月＋序号”规则进行编号，其中工作类别包括维护、检修、带电检测、停电试验。例：城南变检修 201605001。

（8）现场执行卡的编制工作应在开工前一天完成，突发情况可在当日开工前完成。

（9）现场执行卡应在开工前经过相关部门责任人审核批准。

二、资料搜集

（1）工作负责人根据工作内容搜集相关的说明书、联系单、整定单。

（2）工作负责人根据工作内容准备图纸，并提前核查回路。

（3）涉及智能变电站的工作，需从智能变电站配置文件管理系统（见图 4-2）下载（若更改 SCD 内容则需签出）SCD 文件并拷入智能变电站校验设备（合并单元校验仪、智能变电站保护校验仪等）。

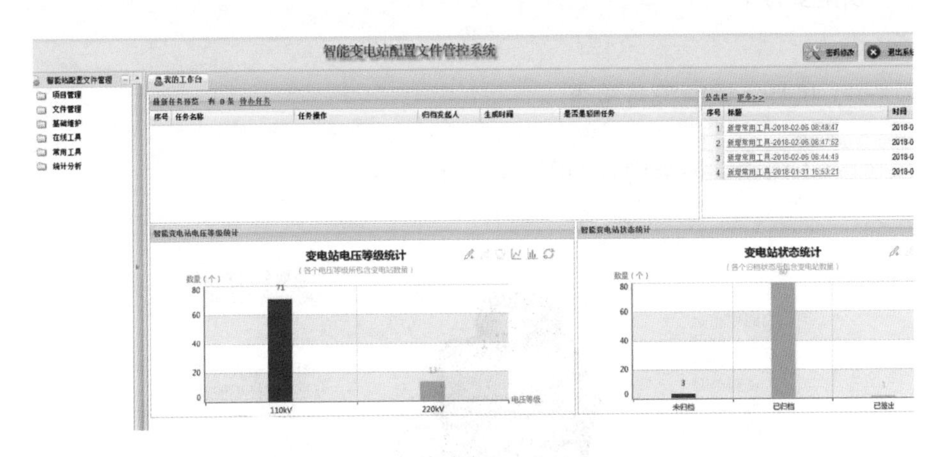

图 4-2　智能变电站配置文件管理系统

任务四　工器具及施工材料准备

》【任务描述】 工作前，工作负责人应完成机具、试验设备、备件及材

料、安全工器具及个人防护用品的准备。

【知识要点】

1. 检查物资到位情况

检修计划下达后，负责人应联系、跟踪物资到货情况，确保物资按计划运抵检修现场。

2. 个人工器具准备

根据工作负责人布置的任务，组织各工作班成员清点各类工器具、安全用具、个人防护用品、备品材料等物品的种类数目，避免工作结束后物品遗留在工作现场。

3. 工器具安全性检查

检查各类机具、试验设备、安全工器具及个人防护用品是否合格：进行外观检查并查看合格证。

【技能要领】

一、机具、试验设备检查

（1）千斤顶。检查内容如图 4-3 所示。

图 4-3 千斤顶检查示意图

(2) 手持电动工器具，检查内容如图 4-4 所示。

外壳、手柄完好无损
电源线应完好无损
电源插头应完好无损、连接正确
产品认证标志及定期检查合格标志
工具转动部分应转动灵活、轻快，无阻滞现象
机械防护装置完好
电源开关动作正常、灵活、轻快，无缺损破裂

图 4-4 手持电动工器具检查示意图

二、安全工器具及个人防护用品检查

1. 合格证检查

检查安全工器具及个人防护用品有无合格证，合格证是否超过有效期，是否经过相关试验并未超过试验周期，是否超过维护寿命年限。

2. 外观检查

检查安全工器具绝缘部分有无裂纹、老化、绝缘层脱落、严重伤痕。

3. 固定部分检查

连接部分有无松动、锈蚀、断裂现象。

4. 绝缘部分检查

检查工器具绝缘部分有无污垢、损伤或裂纹，有疑问时应进行绝缘试验，合格后方可使用。

(1) 安全带检查项目：

1) 有无合格证并在有效范围内。

2) 有无变质、破损现象。

3）金属配件有无断裂或锈蚀。

4）有无超期未试验。

5）有无超过使用周期。

6）放置处有无接触高温、明火、有锐角的坚硬物体或化学药品。

（2）绝缘手套检查项目：

1）电压等级、制造厂名、制造年月等标识清晰完整，试验合格证在有效期内。

2）绝缘手套柔软，性能良好，内外表面均应平滑、完好无损，无划痕、裂缝、折缝和孔洞。

3）外表应无脏污、油脂。

4）有无超期未试验。

（3）安全帽检查项目：

1）帽壳无裂纹、击穿等缺陷。

2）帽箍壳根据适用头围尺寸进行调整。

3）系带应采用软质纺织物，宽度不小于10mm的带或直径不小于5mm的绳。与帽衬之间的连接无损坏。

（4）防坠器检查项目：

1）边缘呈圆形，所有铆接面平整，无毛刺、裂纹等。

2）连接器应操作灵活，扣体钩舌和闸门的咬口应完整，两者不应偏斜，并有保险设置。连接器应经过两次及以上的手动操作才能开锁。

3）内置的钢丝绳，其各股均应绞合紧密，不应有叠痕、突起、弯折、压伤、错乱交叉、灼伤及断股的钢丝。

（5）绝缘杆检查项目：

1）型号规格、制造厂名、制造日期、电压等级等标识清晰完整。

2）连接应紧密牢固，无松动、锈蚀和断裂等现象。

3）表面光滑，绝缘部分无气泡、皱纹、裂纹、绝缘层脱落、严重的机械或电灼伤痕。

三、易燃易爆及危险化学物品管理

易燃易爆品管理应符合《民用爆炸物品安全管理条例》《爆破安全规程》等相关规定。

危险化学物品管理应符合《危险化学品安全管理条例》等规定。

任务五 外协及厂家人员教育培训

【任务描述】 检修工作不可避免有外协单位与厂家人员协助完成，为保证检修工作的顺利进行，在工作前必须对外协单位与厂家人员进行相关资质验证、培训，按《安规》要求，方可从事相应的检修工作。

【知识要点】

1. 外协施工单位

外协施工单位是指经公司外协施工单位资质审查小组审查合格，具备法人资格的经济实体。在工程施工工作中，负责一部分特定的、专门性质的建筑、安装、检修、维护等工作或者从事各种劳务性工作。

2. 厂家人员

厂家人员是指：

1）在新设备安装施工过程中，需要生产厂家派出设备调试技术指导的人员。

2）公司购进生产厂家的设备后，由厂家负责安装调试以及日常维护时所派出的安装调试、技术人员。

3）运行设备发生故障后，需要设备原厂家到现场共同进行技术分析及协助进行故障排除、设备更换时所派出的人员。

【技能要领】

外协人员及厂家人员培训流程如图 4-5 所示。

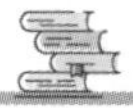

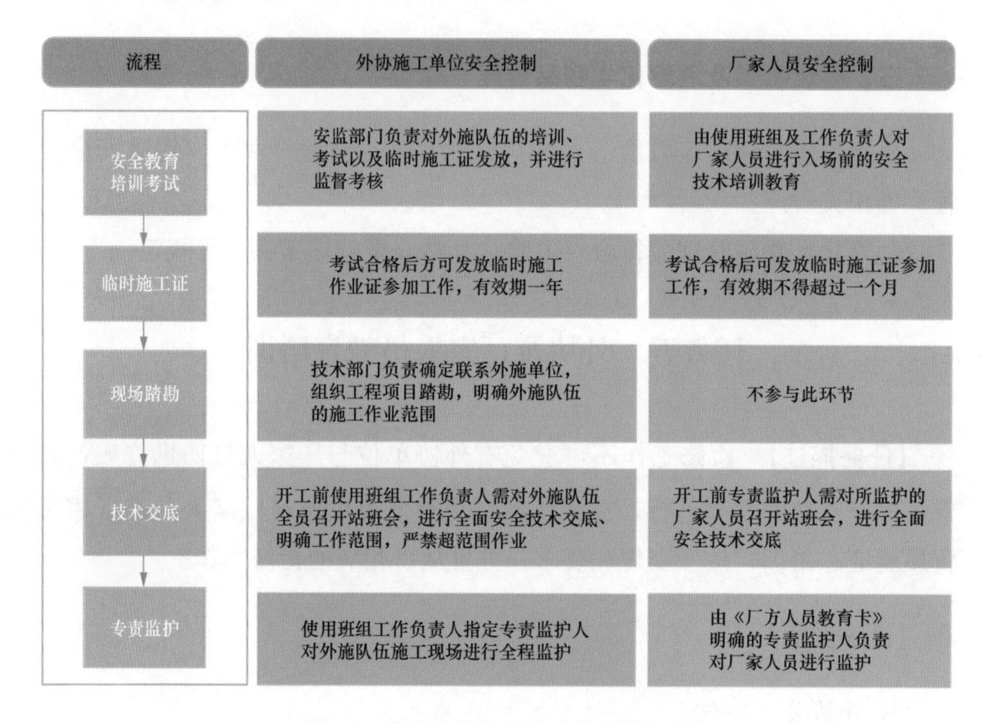

图 4-5　外协人员及厂家人员培训流程

项目五

工作票实施流程

【项目描述】 本项目主要讲解工作票的流程管理，内容包括开工前工作票填写、签发人审核、运行人员复核、工作票许可；施工中工作票的间断、转移和终结以及每日站班会和班后会的执行。

任务一 工作票填写和签发

【任务描述】 工作票制度是保证安全的制度措施之一，保证工作票签发人、工作负责人（监护人）、专责监护人和工作班成员在整个作业流程中履行各自的安全职责。

【知识要点】

（1）工作票应使用黑色或蓝色的钢（水）笔或圆珠笔填写与签发，一式两份，内容应正确，填写应清楚，不得任意涂改。如有个别错、漏字需要修改，应使用规范的符号，字迹应清楚。

（2）填写工作票时，应依次填写“工作班人员”“工作内容和工作地点”“安全措施”等栏目。上传相应的一次接线图。具体工作任务要求和一次接线图以调度下达的停役申请单为准（如图 5-1 和图 5-2 所示）。

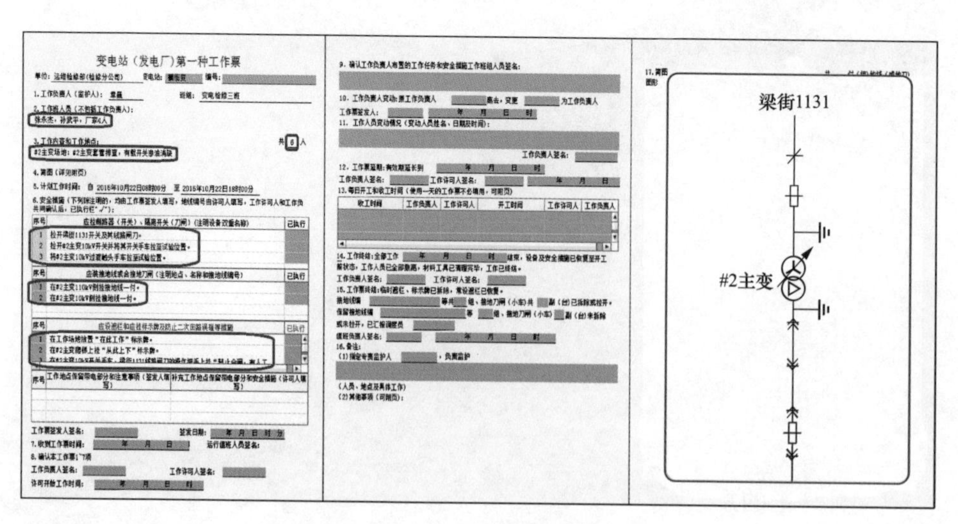

变电站（发电厂）第一种工作票

单位：运维检修部(检修分公司)　变电站：梁街变　编号：

1. 工作负责人（监护人）：　班组：变电检修三班

2. 工作班人员（不包括工作负责人）：
张永杰，孙武平，厂家4人　共 6 人

3. 工作内容和工作地点：
#2主变场地：#2主变套管排查，有载开关渗油消缺

4. 简图（详见附页）

5. 计划工作时间：自 2016年10月22日08时00分 至 2016年10月22日18时00分

6. 安全措施（下列除注明的，均由工作票签发人填写，地线编号由许可人填写，工作许可人和工作负责人共同确认后，已执行栏“√”）：

序号	应拉断路器（开关）、隔离开关（刀闸）（注明设备双重名称）	已执行
1	拉开梁街1131开关及其线路闸刀。	
2	拉开#2主变10kV开关并将其开关手车拉至试验位置。	
3	将#2主变10kV过渡触头手车拉至试验位置。	

序号	应装接地线或合接地刀闸（注明地点、名称和接地线编号）	已执行
1	在#2主变110kV侧挂接地线一付。	
2	在#2主变10kV侧挂接地线一付。	

序号	应设遮栏和应挂标示牌及防止二次回路误碰等措施	已执行
1	在工作场地放置“在此工作”标示牌。	
2	在#2主变爬梯上挂“从此上下”标示牌。	
3	在#2主变10kV开关手车、梁街1131线路闸刀的操作把手上挂“禁止合闸，有人工	

序号	工作地点保留带电部分和注意事项（签发人填写）	补充工作地点保留带电部分和安全措施（许可人填写）

工作票签发人签名：　签发日期：　年　月　日　时　分

7. 收到工作票时间：　年　月　日　运行值班人员签名：

8. 确认本工作票1~7项

工作负责人签名：　工作许可人签名：

许可开始工作时间：　年　月　日　时

9. 确认工作负责人布置的工作任务和安全措施工作班组人员签名：

10. 工作负责人变动：原工作负责人　离去，变更　为工作负责人

工作票签发人：　年　月　日　时

11. 工作人员变动情况（变动人员姓名、日期及时间）：

工作负责人签名：

12. 工作票延期：有效期延长到　年　月　日　时

工作负责人签名：　工作许可人签名：　年　月　日

13. 每日开工和收工时间（使用一天的工作票不必填写，可附页）

收工时间	工作负责人	工作许可人	开工时间	工作许可人	工作负责人

14. 工作终结：全部工作　年　月　日　时结束，设备及安全措施已恢复至开工前状态，工作人员已全部撤离，材料工具已清理完毕，工作已终结。

工作负责人签名：　工作许可人签名：

15. 工作票终结：临时遮栏、标示牌已拆除，常设遮栏已恢复。

接地线编　等共　组、接地刀闸（小车）共　副（台）已拆除或拉开，保留接地线编　等　组、接地刀闸（小车）　副（台）未拆除或未拉开，已汇报调度员

值班负责人签名：　年　月　日　时

16. 备注：

（1）指定专责监护人　，负责监护

（人员、地点及具体工作）

（2）其他事项（可附页）：

17. 简图

梁街1131

#2主变

图 5-1　第一种工作票填写界面（一）

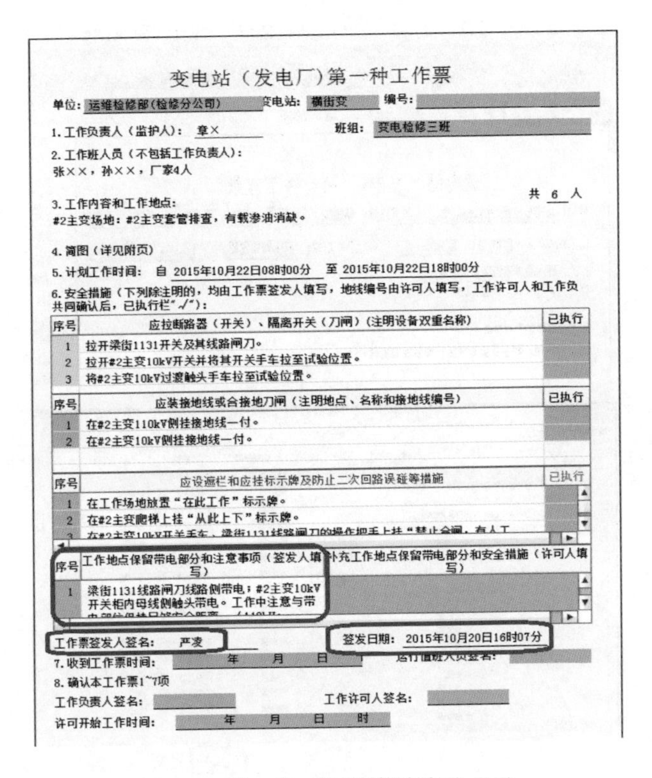

变电站（发电厂）第一种工作票

单位：运维检修部(检修分公司)　变电站：横街变　编号：

1. 工作负责人（监护人）：章×　班组：变电检修三班

2. 工作班人员（不包括工作负责人）：
张××，孙××，厂家4人

共 6 人

3. 工作内容和工作地点：
#2主变场地：#2主变套管排查，有载渗油消缺。

4. 简图（详见附页）

5. 计划工作时间：自 2015年10月22日08时00分 至 2015年10月22日18时00分

6. 安全措施（下列除注明的，均由工作票签发人填写，地线编号由许可人填写，工作许可人和工作负共同确认后，已执行栏"√"）：

序号	应拉断路器（开关）、隔离开关（刀闸）（注明设备双重名称）	已执行
1	拉开梁街1131开关及其线路闸刀。	
2	拉开#2主变10kV开关并将其开关手车拉至试验位置。	
3	将#2主变10kV过渡触头手车拉至试验位置。	

序号	应装接地线或合接地刀闸（注明地点、名称和接地线编号）	已执行
1	在#2主变110kV侧挂接地线一付。	
2	在#2主变10kV侧挂接地线一付。	

序号	应设遮栏和应挂标示牌及防止二次回路误碰等措施	已执行
1	在工作场地放置"在此工作"标示牌。	
2	在#2主变爬梯上挂"从此上下"标示牌。	

序号	工作地点保留带电部分和注意事项（签发人填写）	补充工作地点保留带电部分和安全措施（许可人填写）
1	梁街1131线路闸刀线路侧带电；#2主变10kV开关柜内母线侧触头带电。工作中注意与带	

工作票签发人签名：严凌　签发日期：2015年10月20日16时07分

7. 收到工作票时间：　年　月　日

8. 确认本工作票1~7项

工作负责人签名：　工作许可人签名：

许可开始工作时间：　年　月　日　时

图 5-2　第一种工作票填写界面（二）

（3）填写完毕后，依次选择"保存""发送"。在发送人选择窗口中选择对应的运行班组，选中后点击"确定"，工作票将发送至对方收件箱，如图 5-3 所示。

【技能要领】

（1）工作票在系统中的发出以及意见的反馈均应及时电话告知对方。需要值班员提前准备的工作接地线等器具资料也一并告知。

（2）第一种工作票应在开工前一天中午 12 点前递交运行值班员，值班员应在收到工作票的当日 16 点前将工作票中需要修正的意见反馈至签发人；在中午 12 点以后收到的工作票，值班员应在次日中午 12 点前将工作票中需要修正的意见反馈至签发人。

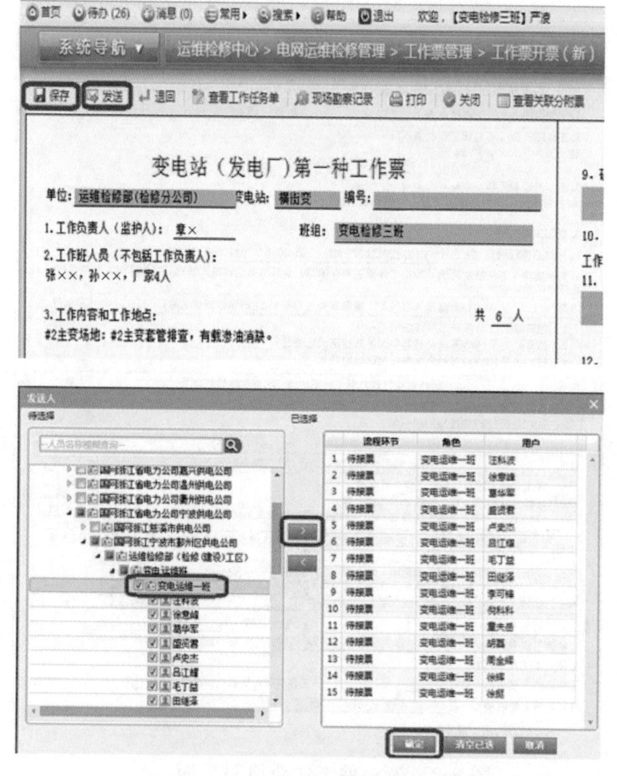

图 5-3　第一种工作票发送界面

【典型案例】

现场设备与工作票不符，带来安全风险。

如图 5-4 所示，工作现场未能有效识别 35kV 2 号消弧线圈，在停役申

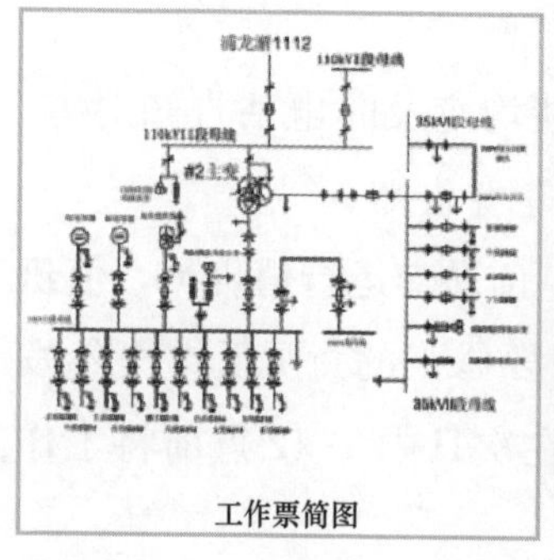
工作票简图

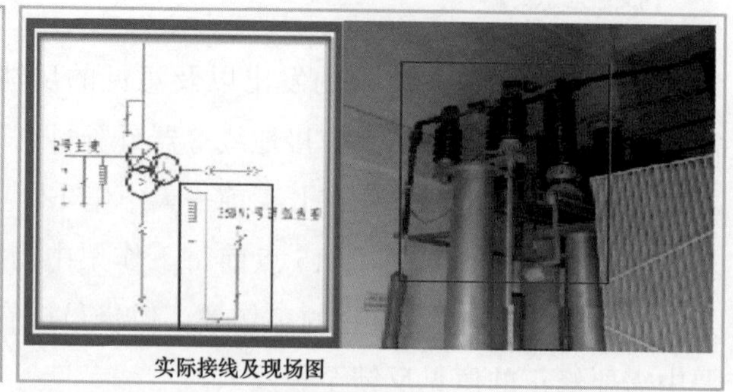
实际接线及现场图

图 5-4　第一种工作票简图和现场图

请单及工作票内均未体现该消弧线圈。在工作票签发及许可时也未对该消弧线圈进行确认。

正确做法：踏勘中应将现场设备实际接线与模拟图板进行核对。

任务二　工 作 票 许 可

【任务描述】 工作负责人进入变电站后应身着工作负责人红马甲，并向工作许可人说明来意，办理工作票许可手续，如图 5-5 所示。其余工作班成员不得擅自进入生产区域。

图 5-5　办理许可手续

【知识要点】

工作负责人对工作许可人交代的安全措施进行逐一核对，如图 5-6 所示，每明确一项，工作负责人应分别在工作票和状态交接卡该项目后打勾确认。

【技能要领】

（1）工作负责人对现场安全围栏装设不合理、设备需要解锁或需增加临时接地线及其他安全措施布置不到位情况应及时提出。

图 5-6　核对安全措施

（2）交底结束后，工作负责人、工作许可人分别在工作票和状态交接卡上签名，并办理好工作接地线借用手续，如图 5-7 所示。

图 5-7　办理签名手续

【典型案例】

工作票附件手续不全，签名确认手续履行不到位，如图 5-8 所示。

正确做法：工作班成员应熟悉工作内容、工作流程，掌握安全措施，明确工作中的危险点，并在工作票上履行交底签名确认手续。

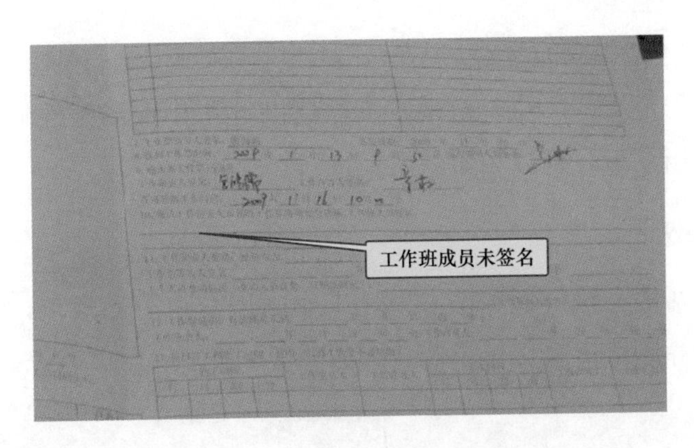

图 5-8 工作票签名手续不到位

任务三 工作票执行

工作票执行遵守站班会制度和班后会制度。

一、站班会制度

【任务描述】 每日开工前，都应由工作（总）负责人（或施工负责人，下同）组织，参加工作（作业）的全体人员（包括劳动技工、民工，下同）列队进行站班会。

【知识要点】

1. 站班会制度

站班会应明确工作内容、危险点控制措施及各作业面专业负责人。工作负责人应带领所有相关工作人员查看现场工作内容并告知危险点。

2. 站班会的内容

由各级工作负责人提前准备，作为开工前准备之一。

【技能要领】

（1）对工作、施工作业的人员情况（由工作负责人检查）、安全措施、安全注意事项和安全工器具的落实情况在经检查或共同检查后履行确认、签名手续。

（2）对安全措施、停电范围、工作范围等工作现场条件较为复杂的工作场合可使用图板，辅以相应的图示进行。

【典型案例】

工作中站班会执行不到位。现场工作站班会执行不规范，工作负责人更换工作任务安全措施交代不清楚，如图 5-9 所示。

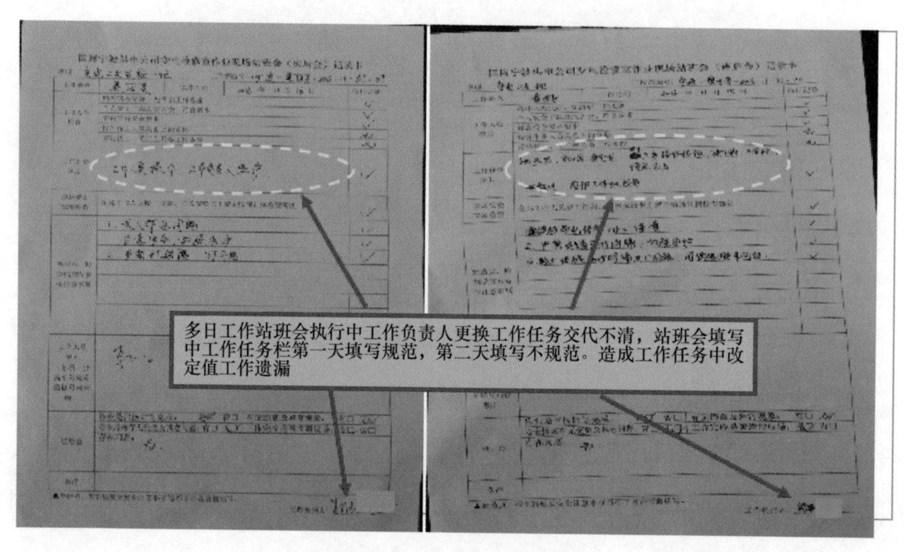

图 5-9 站班会执行不到位

正确做法：现场工作站班会执行必须严肃、认真、规范，工作负责人更换工作任务安全措施必须交代清楚。

二、班后会制度

【任务描述】 总结工作情况，并对站班会记录卡中作业是否按计划完成、有无违章及异常现象、安全措施有无变更及其他问题、工作完成是否清理现场等方面进行总结分析，并在是否、有无处打钩。

【知识要点】

班后会制度是指每日工作结束后应召开班后会，总结当日工作完成情况及当日工作遗留问题。

【技能要领】

（1）对现场发现的设备、工作场所的静态风险以及本次所采取的有效措施，及时录入检修室静态风险库（静态风险库是将变电站中存在的生产安全隐患进行记录，时刻提醒工作人员注意安全），以便下次工作时能够引起高度重视。

（2）总负责人召集各分负责人进行班后会；各班组负责人对各自工作班成员召开班后会。

【典型案例】

班后会未认真落实。班后会未对当日工作进行全面总结，分析当日工作进度和质量，未明确剩余的工作任务，如图 5-10 所示。

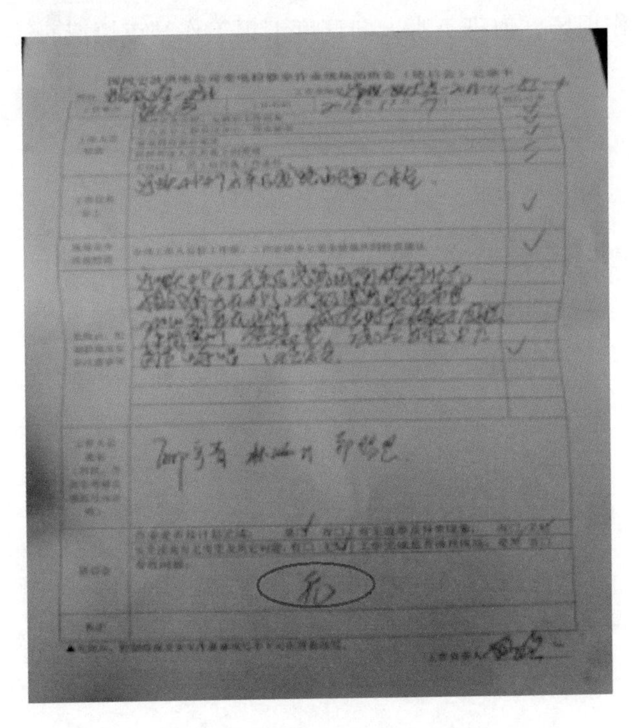

图 5-10 班后会总结错误示范

正确做法：工作负责人要认真执行班后会，对每天的工作要进行认真总结，不要走过场。

任务四 工作票终结

【任务描述】 待工作票上的临时遮栏已拆除，标示牌已取下，已恢复常设遮栏，未拆除的接地线、未拉开的接地开关（装置）等设备运行方式已汇报调控人员，工作票方告终结。

【知识要点】

(1) 工作结束后，由运行值班员拆除现场装设的安全围栏、标示牌，恢复常设的安全围栏。

(2) 工作票终结后，工作负责人应告知工作班成员，并提醒工作人员不得进入工作现场。值班负责人向调度汇报工作结束情况。

项目六

检修现场管理

【项目描述】 本项目包含现场管理组织机构、检修过程管理两部分内容。通过知识要点介绍、技能要领解说、典型案例分析，了解现场工作的注意事项，熟悉现场工作的安全规范、掌握检修标准作业流程，保证工作的安全和质量。

任务一 现场管理组织机构

【任务描述】 本任务主要讲解各级检修现场的管理组织机构形式、检修过程管理的要点等内容。通过本任务的学习，使员工了解各级管理组织机构的职责、成员组成要求，熟练掌握现场施工流程，并对施工过程中的安全作业、施工质量、施工进度、现场文明生产等管理要点进行有效把控。

【知识要点】

（1）领导小组、现场指挥部，其成员及职责见表 6-1。

（2）现场施工流程，包括工作许可，现场交底及安措确认，检修施工，间断、转移、终结，班后会等。

（3）作业指导书、现场执行卡、施工工艺规范。

表 6-1　　现场管理组织结构表

<table>
<tr><td colspan="6">大型检修</td></tr>
<tr><td colspan="2">—</td><td colspan="4">中型检修</td></tr>
<tr><td colspan="2">—</td><td colspan="2">—</td><td colspan="2">小型检修</td></tr>
<tr><td colspan="2">领导小组</td><td colspan="2">现场指挥部</td><td>工作总负责人</td><td>分工作负责人</td></tr>
<tr><td>职责</td><td>负责对检修施工过程中重大问题进行决策</td><td>职责</td><td>负责现场总体协调以及检修全过程的安全、质量、进度、文明施工等管理</td><td rowspan="2">负责作业现场生产组织与总体协调</td><td rowspan="2">负责本专业的现场作业全过程安全、质量、进度和文明施工</td></tr>
<tr><td>成员组成</td><td>设备的运维、检修、调控、物资单位或部门的领导、管理人员</td><td>成员组成</td><td>项目管理单位运检部、分部（中心）或业务室（县公司）、外包施工单位的相关人员</td></tr>
</table>

续表

<table>
<tr><th colspan="3">领导小组</th><th colspan="3">现场指挥部</th><th>工作总负责人</th><th>分工作负责人</th></tr>
<tr><td rowspan="3">组长身份</td><td>一类变电站</td><td>省公司分管生产领导</td><td rowspan="3">总指挥身份</td><td>一类变电站</td><td>省检修公司分管生产领导</td><td rowspan="3">负责作业现场生产组织与总体协调</td><td rowspan="3">负责本专业的现场作业全过程安全、质量、进度和文明施工</td></tr>
<tr><td rowspan="2">其他变电站</td><td rowspan="2">省检修公司、地市公司分管生产领导</td><td>二、三类变电站</td><td>省检修公司、地市公司运检部负责人</td></tr>
<tr><td>四类变电站</td><td>省检修公司分部（中心）、地市公司业务室（县公司）分管生产领导</td></tr>
</table>

任务二 检修过程管理

【任务描述】 本任务针对变电检修作业现场从工作许可、作业实施、工作间断、转移到工作终结的全过程，以人身、电网、设备三方面为主要分析对象，讲解作业现场各个方面的安全要点及相应的控制措施，使工作人员能够更全面、更有效地管控现场作业风险，保障作业安全。

【知识要点】

（1）高处坠落：是指人员从一定高度基准面意外落到落差2m以上的另一基准面，可分为临边、洞口、攀登、悬空、操作平台等高处作业坠落。

（2）物体打击：是指失控的物体在惯性力或重力等其他外力的作用下产生运动，打击人体而造成人身伤害。

（3）机械伤害：主要指工器具使用过程中机械设备运动（静止）部件、工具、加工件直接与人体接触引起的夹击、碰撞、剪切、卷入、绞、碾、割、刺等形式的伤害。各类转动机械的外露传动部分（如齿轮、轴、履带等）和往复运动部分都有可能对人体造成机械伤害。

（4）联跳压板：是指继电保护设备与除本间隔断路器外的其他断路器之间的跳合闸回路或启动回路上的控制压板，主要有线路保护启动失灵压板、主变保护启动失灵/解除复压闭锁压板、主变保护跳110kV、10（35）kV母分开关出口压板、备自投与各开关跳合闸压板、其他安全自动装置与各个设备间的压板。

（5）感应电触电：是指导体虽与带电设备未直接相连，但由于平行或邻近带电设备电磁场感应作用导致检修设备产生感应电压。在工作中检修设备未加装工作接地线，导致人体触电。

（6）低压触电：是指人体直接接触1000V以下带电体，电流通过人体，引起人体组织损伤和功能障碍，严重者造成心跳和呼吸骤停，进一步导致死亡。

（7）安全工器具：是指防止人体触电、灼伤、坠落、摔跌等事故，保障工作人员人身安全的各种专用工具和器具，可分为个人防护装备、绝缘安全工器具、登高工器具、警示标识四类。

【技能要领】

一、现场安全管理

（一）工作许可时的安全要点

工作许可时，工作负责人应当会同工作许可人再次检查所做的安全措施，对具体的设备明确实际的隔离措施，以及带电设备的位置和注意事项。主要关注一二次设备状态、围栏、标识标牌、黄布幔、联跳压板、空气开关、把手以及其他针对性控制措施等方面。

1. 一二次设备状态

检查一二次设备状态是否与停役申请及工作需求相符。常见问题如下：

（1）接地不可靠，如图6-1所示。

（2）接地线应挂未挂。

（3）保护压板应退未退，如图6-2所示。

（4）大电流试验端子应短未短。

2. 围栏

检查围栏设置是否正确合理，是否与工作需求相符。常见问题如下：

图 6-1　接地不可靠

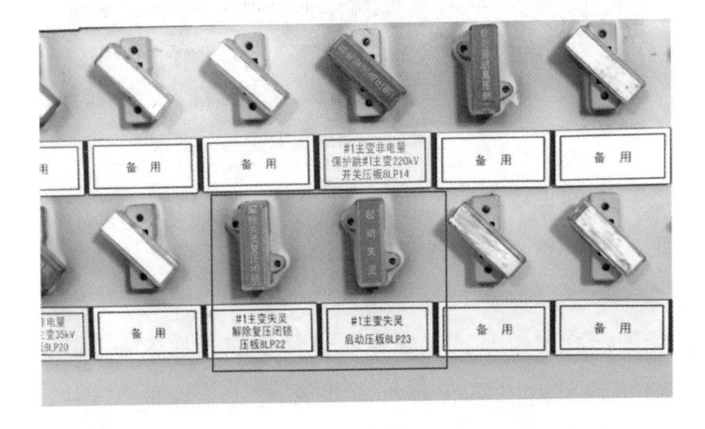

图 6-2　主变保护启动失灵、解除复压闭锁器压板未退出

（1）工作设备应围未围，包括间隔端子箱等设备，如图 6-3 所示。

图 6-3　间隔端子箱未围入围栏

（2）带电设备围入围栏，包括带电设备构支架，如图 6-4 所示。

图 6-4　线路未检修，线路隔离开关构架围入围栏

（3）出入口、通道设置不合理。

（4）车辆作业、加工场地不足，如图 6-5 所示。

3. 标识标牌

检查各标识标牌设置是否正确完备。常见问题如下：

（1）保护屏后、主控室后台机有工作未放“在此工作”标识牌，如图 6-6 所示。

图 6-5 材料加工区域位于围栏外部

图 6-6 保护屏后有工作无“在此工作”标识牌

（2）工作围栏上“止步，高压危险！”标识牌悬挂朝向错误。

（3）开关柜内带电触头触指孔挡板处未挂“止步，高压危险！”标识牌。

（4）电压互感器二次空气开关未挂“禁止合闸，有人工作！”标识牌。

（5）变压器、电抗器等设备的爬梯未挂“从此上下！”标识牌。

4. 黄布幔

二次工作地点相邻运行屏柜和同屏运行设备应用黄布幔遮盖。常见问题如下：

（1）同屏运行设备未遮盖，如图 6-7 所示。

图 6-7　同屏运行设备未遮盖黄布幔

（2）运行设备屏屏后未遮盖。

（3）屏后运行端子排未遮盖。

（4）屏后运行空气开关未遮盖，如图 6-8 所示。

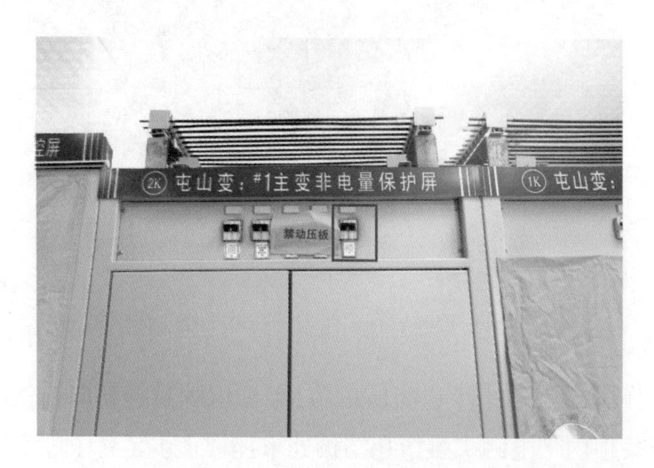

图 6-8　运行空气开关未遮盖黄布幔

（5）运行中的压板未遮盖，如图 6-9 所示。

（6）重合闸方式等运行把手未遮盖。

5. 空气开关、把手

空气开关主要包括交流电压空气开关和交直流电源空气开关。把手主要包括远方/就地切换把手、重合闸方式切换把手等。常见问题如下：

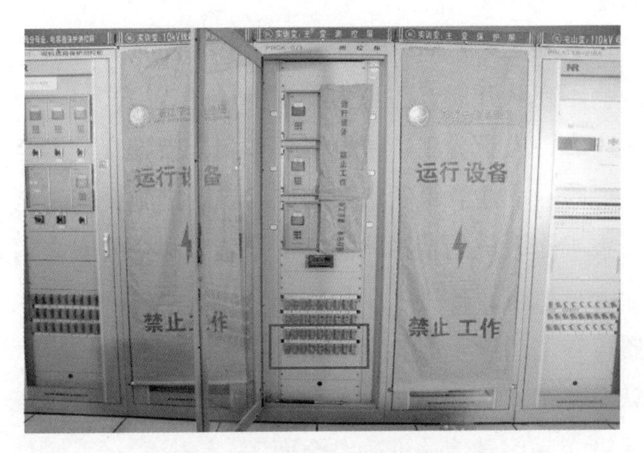

图 6-9 运行中的压板未遮盖黄布幔

(1) 交流电压空气开关应断未断。

(2) 交直流电源空气开关应断未断。

(3) 远方/就地切换把手应切未切，如图 6-10 所示。

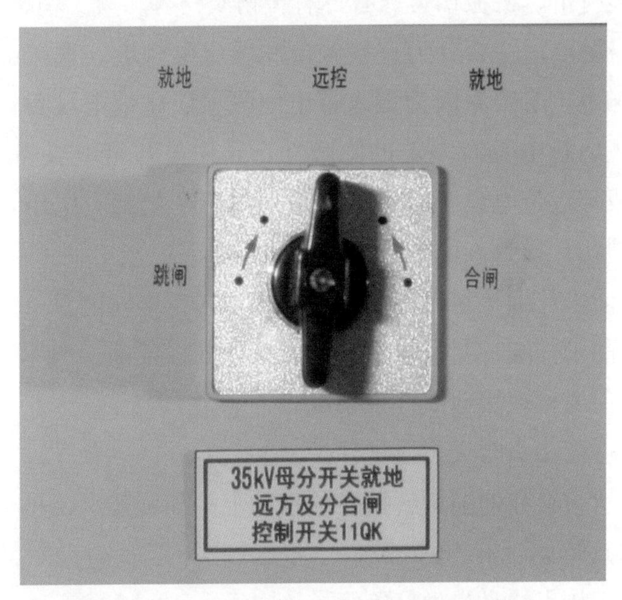

图 6-10 遥控试验时运行设备未切换至就地

(4) 重合闸方式应切未切。

(二) 站班会时的安全要点

工作许可后，工作负责人应认真履行站班会制度。常见问题如下：

（1）站班会未到现场，未结合一二次设备实际状态开展。

（2）站班会不列队开展，注意力不集中。

（3）作业内容、人员分工、带电部位和安全措施交代不全。

（4）作业危险点、注意事项以及相应的控制措施交代不全。

（5）未检查工作人员的精神状态、工作着装和个人安全用具。

（6）作业人员擅自直接进入工作现场开始工作。

（7）未履行签字手续，或签字不全。

为了确认全体工作班成员已对站班会内容熟悉知晓，必要时可以进行现场考问，保障交底信息传达准确、全面。

（三）工作实施时的安全要点

1. 人身安全

在变电检修现场作业过程中，主要的人身安全风险包括人身触电、高处坠落、物体打击、机械伤害、有毒有害物质伤害、火灾伤害等。

（1）人身触电。主要分为直接触电和感应电触电。直接触电包括高压触电和低压触电，主要原因为误入带电间隔、误碰带电设备，导致其对人体放电。感应电触电具有一定的隐蔽性，导体虽与带电设备未直接相连，但由于平行或邻近带电设备导致检修设备可能产生感应电压，而工作中未加装工作接地线，导致人体触电。常见问题如下：

1）工作前未仔细核对设备名称，导致误入带电间隔。

2）工作前未仔细核对设备状态，未确认围栏正确。

3）工作前未检视接地线挂设情况。

4）设备拆搭接头时失去接地保护。

5）长条状材料和伸缩旋转设备的移动范围和旋转半径小于安全距离要求，如图 6-11 所示。

6）低压工作工器具未做好绝缘措施。

（2）高处坠落。主要在进行高处作业时发生，凡在坠落高度基准面 2m 及以上的高处进行的作业，都应视作高处作业。高处作业应使用工器具采取防坠落措施，如图 6-12 所示。

图 6-11 单人搬运梯子

图 6-12 高处作业使用工器具采取防坠落措施

高处作业常见问题如下：

1）高处作业不采取防坠落措施。

2）高处作业移动时失去保护。

3）安全带悬挂未采取“高挂低用”。

4）安全带挂在瓷瓶等不结实牢固的构件上。

5）梯子的防滑垫不完整。

6）攀登梯子超过限高线。

7）梯子与地面的角度不是60°左右。

8）人字梯限制开度的措施失效。

（3）物体打击。变电站内的物体打击伤害主要包括高处落物、工器具材料转移中的打击伤害等。常见问题如下：

1）进入工作场地未正确佩戴合格的安全帽，未穿着安全防护鞋。

2）高处作业未使用工具袋。

3）高处作业时较大的工具、材料未用绳拴在牢固的构件上。

4）投掷传递工具及材料。

5）人员在高处作业区域、吊机和升高车等机械臂范围内通行或逗留。

（4）机械伤害。主要发生在工机具使用过程中，可分为人为原因和设备原因两方面。常见问题如下：

1）操作人员未了解掌握工机具使用流程和方法。

2）戴手套抡大锤等。

3）操作人员未佩戴正确完备的安全防护用具，如护目镜、防割手套等。

4）使用工机具合格证超出有效期内，外观存在破损，安全防护装置功能缺失。

5）使用过程中机具异常不立即停止，勉强作业。

（5）有毒有害物质伤害。主要包括 SF_6 及其分解物、丙酮、酒精、汽油、油漆、废油、电气焊烟尘等作业对象含有及施工环节中产生的毒害物质的伤害。其中 SF_6 中毒主要在断路器、GIS 设备检修、消缺、事故抢修过程中发生。常见问题如下：

1）检修人员未穿着防护服，未根据需要佩戴防毒面具或正压式空气呼吸器。

2）打开 SF_6 设备封盖后，现场所有人员未暂离现场 30min，或离开时间不足。

3）取出吸附剂和清除粉尘时，检修人员未佩戴防护手套。

4）未用仪器（见图 6-13）检测含氧量（不低于 18%）合格后，人员就进入 GIS 设备室。

图 6-13　进入 SF_6 配电设备室前检查环境气体合格

5）SF_6 气体随意向大气排放，未采取净化装置回收，回收时作业人员未站在上风侧。

6）电气焊作业时未穿戴好必备的防护用品，作业环境封闭，且长时间连续作业。

7）长时间在电缆沟、电缆隧道、管井、污水井等有限空间作业，未采取防止中毒、窒息措施。

（6）火灾伤害。是指变电站内因工作等原因引起站内易燃易爆物品的燃烧导致人身和设备的伤害。常见问题如下：

1）动火作业未开动火票，或动火票超出使用时限。

2）氧气、乙炔气瓶距离小于 5m，或与明火距离小于 10m。

3）盛有或盛过易燃易爆等化学危险物品的容器、设备、管道等生产、储存装置，在动火作业前未清洗置换。

4）动火作业没有专人监护，未配置足够的灭火器材。

5）动火作业间断或终结后，未清理现场，有残留火种。

（7）交叉作业。是指两个或以上的专业工种在同一时间段、同一设备上实施作业。常见问题如下：

1）二次专业开展保护整组传动，而断路器机构上有人工作，导致机械伤害。

2）高压试验工作时，被试设备上有工作人员正在检修维护，导致人身触电等。

各个专业在实施工作前需要合理安排作业进度，加强各专业间沟通协作，防止交叉作业伤害。

2. 电网安全

电网安全主要指检修工作中应防止因作业行为使一、二次设备运行异常，进而引起运行中的单个或多个电力设备意外停运，导致供电负荷减少、供电质量下降、电网失去稳定以及电网安全水平降低等情况。常见问题如下：

（1）作业机械、设备材料误碰（过于接近）带电设备，引起短路或接地，进而导致保护动作切除线路、主变压器、母线等设备。

（2）保护试验工作时联跳压板隔离措施不到位，或工作过程中勿碰导致误出口。

3. 设备安全

设备安全是指检修工作中防止各电力设备发生本体爆炸、本体外壳变形、主绝缘损坏或主部件损坏；电力电缆主绝缘击穿；有毒有害介质泄漏；起重机械等施工设备主要受力结构件折断或整体倾覆以及调度数据网异常中断等。常见问题如下：

（1）施工作业车辆、作业机械、工机具等的型号规格不符合作业要求。

（2）设备材料运输搬运时防护措施不足、施工过程违反作业流程和安装调试方法不当等。

（3）设备试验时采用的试验方法和接线错误、试验电压过高等。

（四）工作间断、转移时的安全要点

1. 工作间断时的安全要点

工作间断是指工作期间因天气原因、人员休息等原因暂停检修工作。常见问题如下：

（1）工作班成员在无工作负责人和专责监护人的带领进入作业现场，开展工作。

（2）作业间断时，未清扫工作地点，未检查现场设备上是否有遗留物、易被风刮起的物品，高压试验设备等仪器设备是否已拆除试验接线，施工电源是否断开。

（3）次日复工时，工作负责人未重新认真检查安全措施是否符合工作票的要求，是否发生了变化。

（4）次日复工时，工作负责人未重新召开站班会，未向工作班成员重申安全措施和注意事项，未交代当日工作内容和分工安排。

（5）次日复工时，未针对当日工作进行针对性布置和强调。

2. 工作转移时的安全要点

工作转移是指在同一电气连接部分用同一工作票依次在几个工作地点开展工作时工作地点变更。常见问题如下：

（1）转移到新间隔未检查新场地安全措施是否完好。

（2）未组织开展安全交底，熟悉新工作场地。

（3）工作班成员对新工作场地间隔名称、带电范围等不熟悉，盲目工作。

（五）工作终结时的安全要点

工作终结是指工作内容实施完毕，准备结束工作票。常见问题如下：

（1）工作完毕，未清扫、整理现场，工作场地遗留工器具、材料和垃圾，如图 6-14 所示。

图 6-14 工作结束现场遗留工器具

（2）安全措施未完全恢复，设备状态与许可时不一致。

（3）保护试验后调整的定值参数未恢复。

（4）未向运行人员交代检修内容和存在的问题。

二、质量控制

各项检修工作应严格按照相应作业指导书及现场执行卡、施工工艺规范进行，全面落实各项反措要求，并对停役检修设备进行系统的隐患排查。各作业面分工作负责人应根据施工进度，对照现场执行卡，对检修过程中的每一步进行质量检查、工艺确认，确保设备检修到位。

现场检修过程中需关注的部分典型问题按设备类型可概括如下：

1. 变压器

（1）变压器各侧套管引线接头需测量回路电阻（符合标准）。

（2）变压器各密封面紧固螺母需均匀紧固，应检查各个方向密封圈压缩量是否均匀，紧固螺母如果没有弹簧垫圈，则需按规定力矩紧固，否则易造成渗漏，如图 6-15 所示。

（3）变压器低压侧需使用绝缘材料包裹，即进行绝缘化，如图 6-16、图 6-17 所示。

图 6-15　主变阀门渗油

图 6-16　主变低压侧绝缘化局部图

图 6-17　主变低压侧绝缘化整体图

（4）变压器非电量保护装置（气体继电器、压力释放阀、压力突变继电器、温度计、油位计等）需装防雨罩，如图 6-18 所示。

图 6-18　主变各类防雨罩（主变本体瓦斯观察孔未打开）

（5）变压器套管末屏需可靠接地，否则会造成放电，如图 6-19 所示。

图 6-19 套管末屏接地不可靠导致严重放电

（6）变压器导电回路的紧固螺栓需为 8.8 等级的热镀锌螺栓。

（7）变压器各侧引线线夹禁用铜铝对接线夹或螺旋线夹，并需打 ϕ6mm 排水孔。

（8）变压器低压套管、铁芯和夹件引出的小套管接线端需装软连接，否则会造成渗油，如图 6-20 所示。

（9）变压器压力释放阀喷口应安装防小动物防护罩，如图 6-21 所示。

图 6-20 未装软连接造成渗油

图 6-21 防护罩

（10）变压器检修时需核对油位和温度曲线是否一致。若油位偏高，放油至正常油位；若油位偏低，补油至正常位置（如图 6-22、图 6-23 所示）。

图 6-22　油位计指示和温度计指示图

（11）铜、铝禁止直接搭接，需使用铜铝过渡片或者铜铝过渡线夹。

2. 电流互感器

（1）电流互感器油位观察窗模糊或有机玻璃开裂，如图 6-24 所示，需更换观察窗玻璃。

图 6-23　油温—油位曲线

图 6-24　电流互感器油位观察窗玻璃模糊

（2）电流互感器检修时应检查三相油位一致，且处于合理范围内。

（3）电流互感器观察窗上应设置“MAX、MIN”标记（如图6-25所示）。

图6-25 有标记的设备

（4）独立电流互感器检修时应检查二次接线盒密封情况，并检查末屏可靠接地。如二次接线盒进水锈蚀，会造成末屏座松动，如图6-26所示。

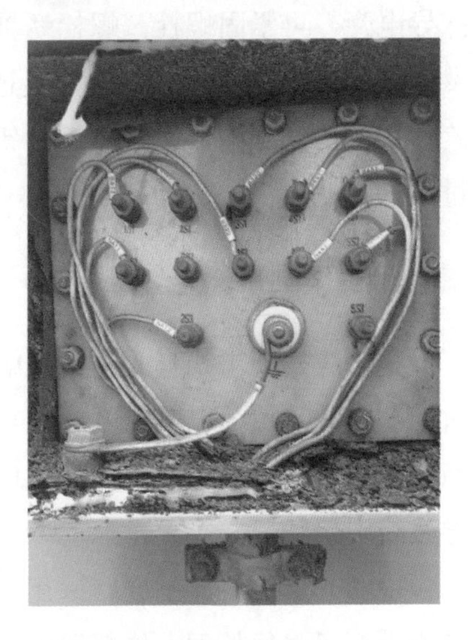

图6-26 因二次接线盒进水锈蚀造成末屏座松动

（5）电流互感器一次引线接头需测量回路电阻（符合标准）。

3. 电压互感器

（1）电压互感器油位观察窗模糊或有机玻璃开裂，需更换观察窗玻璃。

（2）电压互感器检修时应检查三相油位一致，且处于合理范围内。

（3）电磁式电压互感器观察窗上应设置“MAX、MIN”标记。

（4）电磁式电压互感器检修时应检查二次接线盒密封情况，并检查末屏可靠接地；电容式电压互感器检修时应确保“N”端可靠接地，否则易

图 6-27 电压互感器“N”端未可靠接地造成损坏

造成损坏，如图 6-27 所示。

（5）电磁式电压互感器取完油样后清擦干净，检查密封圈完好，螺丝紧固。

4. GIS 设备

（1）结合停电检查断路器远方、就地位置防跳功能及机构防跳、保护防跳功能设置是否符合要求。对断路器防跳继电器与辅助开关配合时间进行测试，并对其防跳功能进行验证试验，对不符合要求的进行更换。

（2）主回路电阻测试应符合要求；套管接头回路电阻测试，接头电阻值应符合标准，否则应重新处理接触面，涂抹导电膏，再紧固螺栓。螺栓锈蚀需更换，导电膏需涂抹均匀。检修中如发现该用铜铝过渡的搭接面铜铝过渡片装反或者锈蚀，一律换新，保证过渡片铜的一侧跟铜接触，过渡片铝的一侧跟铝接触。该装未装者加装铜铝过渡片。

≫【典型案例】

检修时发现出线套管线夹接触面已严重氧化腐蚀（见图 6-28），如不及时处理，一旦负荷电流上升将出现过热缺陷。严重时会导致线夹接触面逐渐出现热熔、坑洞等现象，使导电接触面间的接触电阻进一步增大，最终导致线夹烧毁。

检修人员针对此问题，采用了打磨氧化层、平整坑洞、涂抹导电膏的措施进行了修复处理。修复后的接线座如图 6-29 所示。

在其他出线间隔的排查工作中，发现已发生过过热缺陷的间隔在修复处理后未出现氧化腐蚀现象。因此，判断该共性缺陷的原因为厂家生产加工工艺不到位导致。

图 6-28　接线座氧化腐蚀

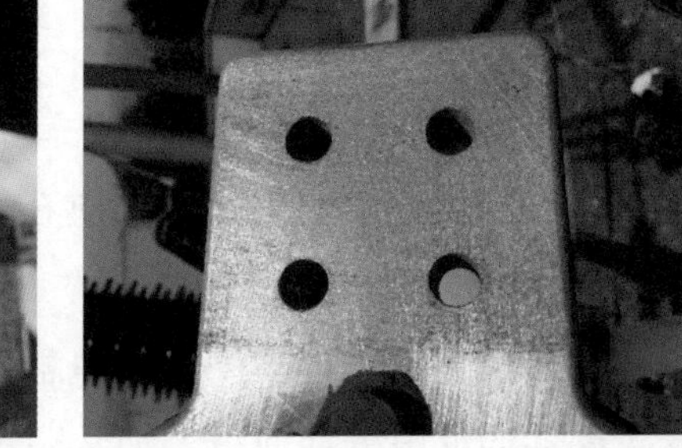
图 6-29　修复后的接线座

（3）GIS 伸缩节螺杆固定符合厂家要求、断路器机构箱内相关连杆螺栓等部位“防松动”标签无变化，螺母无松动。

【典型案例】

110kV GIS 的波纹管调整不到位，每根螺杆两侧螺母都较松，且 4 根螺杆的调整间隙差别较大（见图 6-30），应按照厂家给出的波纹管调整方式（见图 6-31）进行调整。

（4）检查打压超时继电器、三相不一致时间继电器，整定时间是否正确，动作时间是否准确。

例如：储能回路中时间继电器时间整定值错误，应为 2m50s 的时间整定值为 92m50s，如图 6-32 所示，若储能出现问题，电机将不能及时停止，严重的会导致电机过热烧坏。

图 6-30　4 根螺杆的调整间隙差别较大

（5）对 GIS 设备间隔内箱体（机构箱、互感器接线盒等）进行开箱检查，检查有无进水受潮现象（见图 6-33），检查门盖密封条是否完好，有破损应重新更换（见图 6-34）；检查二次电缆封堵是否到位，未封堵或者封堵不到位均需重新封堵，检查观察孔是否密封不严，如有应处理（见图 6-35）。

（6）户外 GIS 二次线槽（浪管）高挂低用导致水倒灌，二次线槽长期运行，内部也可能存在积水，因此应在箱体前二次走线槽（浪管）最低处加设排水孔，如图 6-36 所示。

（7）对面板上的三相不一致继电器、隔离开关分合闸继电器等一经误碰即导致误动的继电器在面板上加装防护罩。

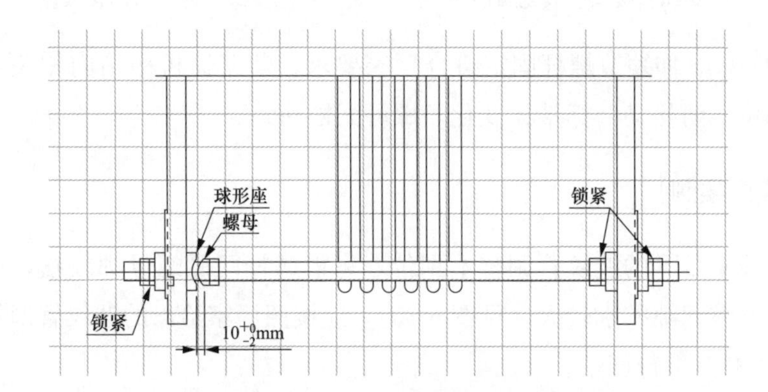

图 6-31 厂家波纹管调整方式

图 6-32 时间继电器整定时间错误

图 6-33 机构箱进水

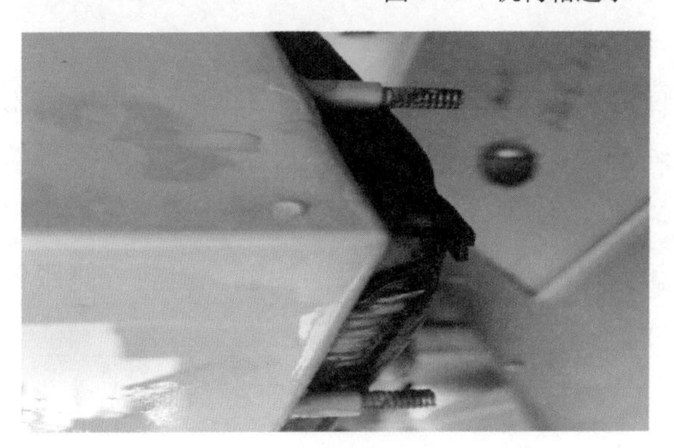

图 6-34 隔离开关机构箱密封条破损

图 6-35 机构箱观察孔密封不严

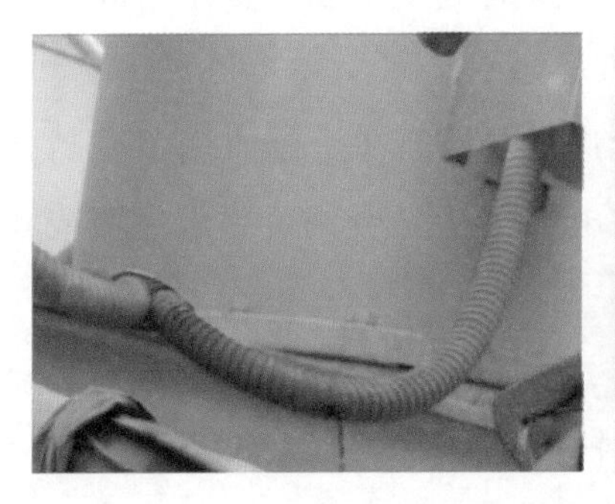

图 6-36 二次线槽（浪管）高挂低用打排水口

（8）汇控柜、机构箱内加热器和温湿度控制器应正常工作，加热器距离二次线最小距离不应小于 50mm。对加装空调的汇控柜检查箱体密封情况，不应存在箱体内外通风对流等情况。

（9）停电前提前进行 GIS 气室微水测试，如微水测试不合格应结合停电进行处理。

（10）对 SF_6 压力表进行测试，测试表计压力指示是否准确，报警、闭锁等接点动作是否正确。

（11）对锈蚀部位的 GIS 筒体及附件进行除锈防腐工作。

5. 断路器设备

（1）结合停电检查断路器远方、就地位置防跳功能，机构防跳、保护防跳功能设置是否符合要求。对断路器防跳继电器与辅助开关配合时间进行测试，并对其防跳功能进行验证试验，对不符合要求的进行更换。

（2）主回路电阻测试符合要求；套管接头回路电阻测试，接头电阻值应符合标准，否则重新处理接触面，涂抹导电膏，再紧固螺母（螺母锈蚀需更换，导电膏需涂抹均匀）。检修中发现该用铜铝过渡的搭接面铜铝过渡片装反或者锈蚀，一律换新，过渡片铜的一侧跟铜接触，铝的一侧跟铝接触。该装未装者加装铜铝过渡片。

（3）断路器机构箱内相关连杆螺栓等部位“防松动”标签无变化，螺栓无松动。

（4）检查打压超时继电器、三相不一致时间继电器，整定时间是否正确，动作时间是否准确。

（5）对机构箱进行检查，检查有无进水受潮现象，检查门盖密封条是否完好，有破损应重新更换；检查二次电缆封堵是否到位，未封堵或者封堵不到位均需重新封堵。

（6）对面板上的三相不一致继电器、隔离开关分合闸继电器等一经误碰即导致误动的继电器在面板上加装防护罩。

（7）机构箱内加热器和温湿度控制器应正常工作，加热器距离二次线最小距离不应小于50mm。

（8）对SF_6压力表进行测试，测试表计压力指示是否准确，报警、闭锁等接点动作是否正确。

（9）对断路器锈蚀部位及附件进行除锈防腐工作。

6. 开关柜设备

（1）检查主变压器10kV进线与10kVⅡ甲、Ⅱ乙短接母排共仓、未用敷铝锌板隔开，需整改。对于不具备整改条件的开关柜，制作三维示意图进行标识，并贴上相应的警告标志。

（2）母线室、断路器室、电缆室均应有独立的泄压通道，检查过桥母线桥架及主变压器进线侧桥架有无配置释压板；检查开关柜各一次仓室释压板安装是否正确，有无遮挡。对不符合的开关柜及桥架进行整改，泄压板材质应采用2mm厚的敷铝锌钢板或经优质防锈处理的冷轧钢板，泄压板长度为开关柜柜宽、宽度为400～500mm（见图6-37），桥架顶部泄压板之间间距不超过3m，防护等级应满足IP4X要求。

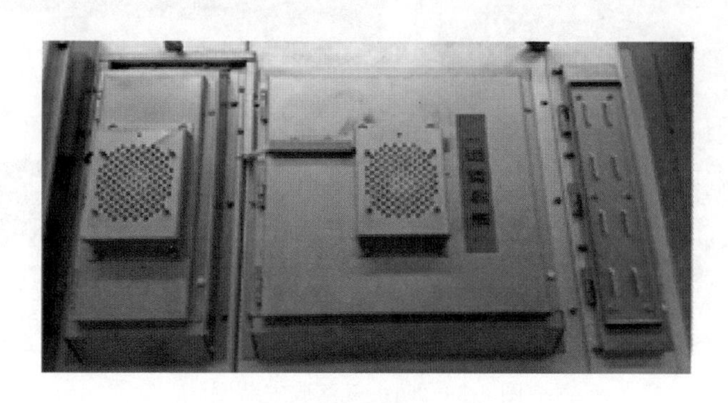

图6-37 压力释放装置固定方式示例

（3）结合停电对开关柜进行防火整治。开关柜上方的二次电缆桥架应采用防火材料包裹（见图6-38）；气溶胶优先加装在未配置母差保护的开关柜，重点是大电流柜及两侧、特别重负荷柜及两侧柜内。35kV开关柜一般配置4支气溶胶；10kV开关柜一般配置2支气溶胶。防火气溶胶安装如图6-39所示。

图 6-38　二次电缆桥架防火隔离

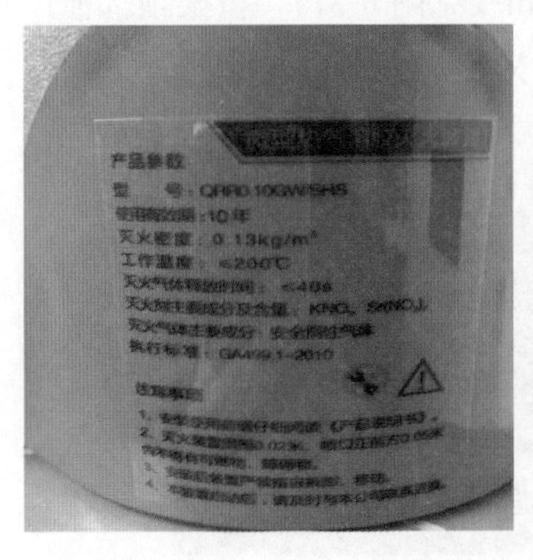

图 6-39　防火气溶胶安装图

（4）检查 10kV 大电流柜（主变压器开关、主变压器过渡、母分开关、母分过渡）风机功能是否正常，是否加装在线测温装置。通过加装在线测温装置（见图 6-40），对 10kV 大电流柜进行温度实时监测。

（5）开关柜全回路电阻测试应合格。

（6）结合停电对开关柜内一、二次电缆进线位置进行封堵检查，整改未封堵或者封堵不规范的位置，防止因封堵不严导致柜体湿度偏大，造成柜内有凝露水珠或触头长期受潮严重氧化（见图 6-41）。

图 6-40 柜内加装在线测温装置

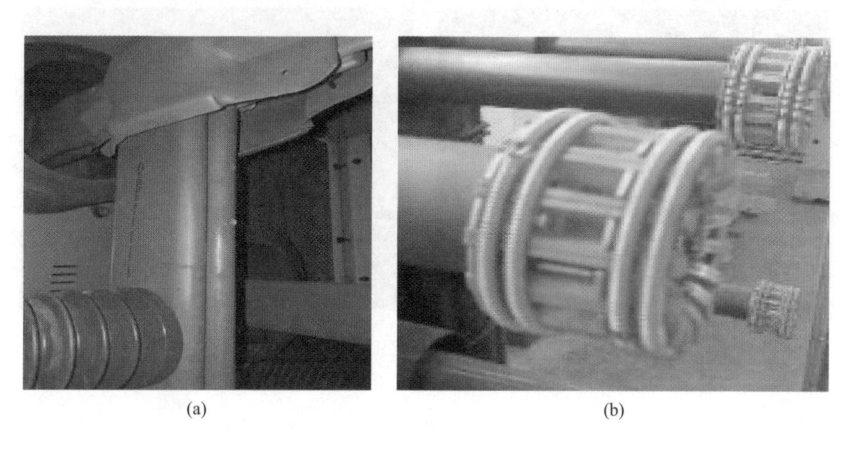

(a)　　(b)

图 6-41 开关柜湿度大

(a) 柜内有凝露水珠；(b) 触头长期受潮严重氧化

(7) 检查开关柜加热器和温湿度控制器是否正常工作，加热器距离二次线最小距离不应小于 50mm。

(8) 检查开关柜内设备绝缘距离是否符合要求，防止因距离过近引起放电，见图 6-42。

(9) 检查穿墙套管固定铁板是否采取防涡流措施，穿墙套管等部位封堵是否严密，防止开关柜因涡流造成发热，见图 6-43。

图 6-42 电流互感器与绝缘挡板距离较近放电

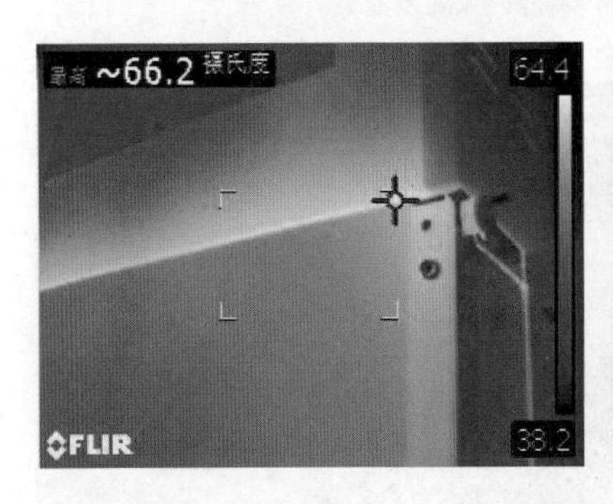

图 6-43 开关柜涡流发热

（10）清理开关柜内积灰，防止受潮形成导电通路。

（11）在非典型柜（如主变压器进线柜、电压互感器避雷器柜、分段开关柜、分段隔离柜）后柜门粘贴三维内部结构示意图。

7. 电缆

（1）电缆外护层无损伤痕迹，进出管口电缆无压伤变形，电缆无扭曲变形。

（2）电缆标志牌、路径指示牌完好；相色标志齐全、清晰；电缆固定、保护设施完好。

（3）接地线无断裂，紧固螺母无锈蚀，接地可靠。

（4）无放电痕迹，无异常声响或气味。

8. 电容器

电容器一次引线接头需测量回路电阻（符合标准）。

9. 电抗器

（1）电抗器一次引线接头需测量回路电阻（符合标准）。

（2）油浸式电抗器的要求参照变压器。

（3）干式电抗器检修时，需检查设备外观有无明显发热部位，并进行清扫。

10. 母线及绝缘子

（1）母线各接头需测量回路电阻（符合标准）。

（2）绝缘子检修时应进行外观检查、清扫。

11. 耦合电容器

耦合电容器检修时应检查与结合滤波器的连接可靠性。

12. 避雷器

（1）避雷器均压环应设置排水孔，均压环本体及连接螺栓应无锈蚀。

（2）避雷器本体外绝缘应完好，瓷外套应清洁干净无破损，硅橡胶外套应擦拭干净无裂纹。

（3）避雷器屏蔽环应检查完好，无断裂隐患。

（4）避雷器底座应为大瓷套，对小瓷套避雷器进行反措。

（5）避雷器泄漏电流表外观完好，数据准确，试验合格。

13. 避雷针

（1）避雷针整体垂直度符合规程要求，目测无明显倾斜。

（2）避雷针外观无锈蚀，对生锈的本体及连接螺栓进行防腐或更换。

（3）避雷针连接螺栓应紧固，垫片齐全。

（4）避雷针底部应设置排水孔，且应对排水孔开展防腐处理，并保证排水孔不堵塞。

（5）避雷针顶部的镀锌孔应封堵良好。

14. 消弧线圈

（1）消弧线圈控制器功能应齐全完善，读数显示正常。

（2）消弧线圈阻尼电阻箱内部检查功能正常。

（3）消弧线圈有载分接开关动作正常，试验合格，并开展例行保养。

（4）干式消弧线圈本体外观完好，绝缘无裂纹破损，铁芯外观检查正常，各项例行试验项目合格。

（5）油浸式消弧线圈外观清洁，无锈蚀，密封良好无渗漏油，电气和油化试验合格。

15. 隔离开关

（1）主回路电阻测试合格，符合相应的标准，每个接头均应符合标准。

（2）分合工位符合标准，应过死点的传动部位必须过死点，SPV 等垂直伸缩式上下导电臂角度符合标准。GW7 型隔离开关动触头反转后角度及限位要符合标准，如图 6-44 所示。

图 6-44　GW7 型隔离开关动触头反转后限位不到位

（3）机械闭锁及电气联锁功能完备、可靠。

（4）设备引线不应有散股、扭曲、断股现象，引线对地和相间距离符合电气安全距离要求，铜铝过渡措施应完好，不应使用铜铝对接线夹，如图 6-45 所示。

（5）由隔离开关本体机构箱至就地端子箱之间的二次电缆的屏蔽层应在就地端子箱处可靠连接至等电位接地网的铜排上，如图 6-46 所示。

图 6-45 需更换的铜铝过渡线夹

图 6-46 二次电缆屏蔽层连接至等电位接地网铜排

（6）垂直操作连杆应接地，如图 6-47 所示。

（7）机构箱内加热驱潮装置、照明装置工作正常，各元器件功能正常，如图 6-48 所示。

三、施工进度控制

施工方案及施工进度计划一经批准，原则上不做调整，以维护计划的严肃性。在施工进度计划执行周期内，如遇特殊情况需要调整时，应按审批权限向上级上报调整计划报告，说明理由，批复后执行。

图 6-47 垂直操作连杆接地

按照施工方案内的施工进度计划（见表 6-2），合理安排施工力量，协调各专业、各作业面间配合工作。施工过程中要注意控制每天的工作量，避免工作人员持续疲劳施工，严禁盲目赶工期。

图 6-48　加热器和照明装置

表 6-2　　　　**施工方案的进度计划（横道表）**

设备间隔名称	4.14	4.15	4.16	4.17	4.18	4.19	4.20	4.21	4.22	4.23	4.24	4.25	4.26	4.27	4.28
#2 主变及其三侧															
姆溪 4P79 线															
溪洪 2P51 线															
#1 主变及其三侧															
姆凤 4P80 线															
溪上 2308 线															
220kV 母联															
220kV 正母及其压变															
#3 主变及其三侧															
华溪 2P35 线															
华凤 2P36 线															

施工期间在每天的晚例会上进行对照施工进度计划检查工程进度，并在次日早例会上进行对应部署；每个施工阶段召开一次进度分析会，分析各专业、各作业面的实际进度并与施工进度计划进行对照检查，进度落后的需查找问题所在进行处理，并相应调整后续施工进度安排；进度提前的需核对是否有工作遗漏，或检修内容是否存在漏项。及时妥善处理施工过程中遇到的突发性事件，避免影响施工进度计划。

四、现场文明生产管理

根据现场检修实际，从人员仪容仪表、现场文明卫生、工器具定置定位、施工过程保护环境等方面把控现场的文明生产工作。

1. 人员仪容仪表

（1）进入工作现场着装应符合要求，统一整齐。工作人员的劳动防护用品应合格、齐备，具有良好的精神面貌。

（2）不吸烟、不做违反安规的不安全举动。

2. 现场文明卫生

（1）工作现场保持整洁，材料、工器具、耗材摆放整齐合理。

（2）工作中产生的余料废料及时回收到指定地点，妥善保存。现场应有指定的垃圾存放处和垃圾分类的封闭式垃圾箱。

3. 工器具定置定位

（1）编制检修方案时应做出详细的现场定置定位图。

（2）检修现场醒目位置应设置定置定位图。

（3）设备、材料、耗材、废品、特种车辆等均应按照定置定位图设置在指定地点，并设有相应的标识牌及围栏。

4. 施工过程环境保护

（1）SF_6 气体充气和回收过程不得向大气排放，回收的 SF_6 气体、分解物、吸附剂以及使用过的防护服、防毒面具等应回收并按要求统一处理。

（2）变压器油在注油及排油过程中不得向场地随意排放，回收的废旧变压器油妥善保管统一处理。

（3）废旧蓄电池、电解液应回收并统一处理。

（4）各种油漆、驱鸟药、导电膏、凡士林、酒精、汽油等化学品正确使用、及时回收，不得破坏环境。

项目七

检修验收

》【项目描述】 本项目主要讲述检修验收组织（大中小型检修）通过知识要点介绍、技能要领讲说，使员工了解变电检修验收的相关知识，熟练开展验收工作。

任务一 验 收 组 织

》【任务描述】 通过对验收定义、验收流程、验收组织，验收要点等知识的介绍，使员工了解变电检修验收相关知识，熟练开展验收工作。

》【知识要点】

一、检修验收定义

检修验收是指检修工作全部完成或关键环节阶段性完成后，在申请项目验收前，对所检修的项目进行的验收。

二、三级验收

检修验收分为班组自验收、指挥部验收、领导小组验收三级。班组自验收是指班组负责人对检修工作的所有工序进行全面检查验收；指挥部验收是指现场指挥部总指挥、安全与技术专业工程师对重点工序进行全面检查验收；领导小组验收是指领导小组成员对重点工序进行抽样检查验收。

》【技能要领】

检修工作完成后提前准备相关验收资料，做好验收准备。大型项目采取“班组自验收＋指挥部验收＋领导小组验收”的三级验收模式：班组自验收完成后，由班组负责人向现场指挥部申请指挥部验收，再由领导小组验收。中型项目采取“班组自验收＋指挥部验收”的二级验收模式：班组自验收完成后，由班组负责人向现场指挥部申请指挥部验收。小型项目采取“班组自验收”一级验收模式，由工作负责人完成。

图 7-1 所示为竣工验收申请单，申请时需完成三级自验收，并上报自验收清单及检修质量报告，根据指挥部要求提前申请验收。

10kV 开关柜及监控系统改造工程

初步竣工验收申请单

工程名称：10kV 开关柜及监控系统改造工程　　　　编号：

致 110kV [illegible]变 10kV 开关柜及监控系统改造工程 项目监理部：

我方已按合同要求完成了 110kV [illegible]变 10kV 开关柜检修项目及监控系统改造工程，经公司三级自检验收合格，请 2018 年 03 月 26 日予以初步竣工验收。

附件：1、110kV [illegible]变 10kV 开关柜及监控系统改造工程 质量专检报告

承包单位（章）：

项目经理：张[illegible]

日　　期：2018、03、18

项目监理部验收意见：

项目监理部（章）：

总监理工程师：张 [illegible]

日　　期：2018、03、19

本表一式__份，由承包单位填报，建设管理单位、项目监理部各一份，承包单位

图 7-1　竣工验收申请单

（1）为确保验收质量，应按照各类设备管理要求，组织编制相关验收标准卡，如图 7-2 所示。

（2）验收工作应严格执行《国家电网公司电力安全工作规程》，认真开展危险点分析和预控，严防人身、电网和设备事故。

一、验收方法

验收方法包括资料检查、现场检查和现场抽查三种。

断路器设备验收标准卡

断路器基础信息	变电站名称	象北变	设备名称编号	220kV 母联开关	
	制造厂家		出厂编号		
	验收单位		验收日期		
序号	验收项目	验收标准	检查方式	验收结论（是否合格）	验收问题说明
一、本体外观验收		验收人签字：			
1	外观检查	①断路器及构架、机构箱安装应牢靠,连接部位螺栓压接牢固，满足力矩要求，平垫、弹簧垫齐全、螺栓外露长度符合要求，用于法兰连接紧固的螺栓，紧固后螺纹一般应露出螺母 2-3 圈，各螺栓、螺纹连接件应按要求涂胶并紧固划标志线； ②采用垫片（厂家调节垫片除外）调节断路器水平的，支架或底架与基础的垫片不宜超过 3 片，总厚度不应大于 10mm，且各垫片间应焊接牢固； ③一次接线端子无松动、无开裂、无变形，表面镀层无破损； ④金属法兰与瓷件胶装部位粘合牢固，防水胶完好； ⑤均压环无变形，安装方向正确，排水孔无堵塞； ⑥断路器外观清洁无污损，油漆完整； ⑦电流互感器接线盒箱盖密封良好； ⑧设备基础无沉降、开裂、损坏。	现场检查	□是 □否	
2	铭牌	设备出厂铭牌齐全、参数正确。	现场检查	□是 □否	
3	相色	相色标志清晰正确。	现场检查	□是 □否	
4	封堵	所有电缆管（洞）口应封堵良好。	现场检查	□是 □否	

图 7-2 编制相关验收标准卡

1. 资料检查

检查验收管理规定中规定的相关项目文件，如订货合同、技术协议、安装使用说明书、图纸、维护手册等技术文件、重要材料和附件的工厂检验报告和出厂试验报告、安装检查及安装过程记录、安装过程中设备缺陷通知单、设备缺陷处理记录、交接试验报告等是否准备齐全，内容是否符合要求，试验数据是否合格。

2. 现场检查和现场抽查

（1）检修班组应告知验收人员验收范围，待验收设备检修情况，现场验收工作的危险点，并履行相关手续。

工作要点：工作负责人需对现场布置的安全措施、危险点预控措施等进行确认，确保现场验收工作安全实施（重点关注验收设备相邻带电设备，防止误入间隔）。

（2）验收工作应严格执行现场验收标准化作业，细化工作步骤，量化关键工艺，持验收标准卡进行验收，工作中逐项执行，验收中发现的问题应详细记录。

工作要点：验收人员需熟悉验收设备相关安装、检修、反措要求，持卡验收，防止验收漏项，及时发现存在的问题，实现工程零缺陷投运，不发生因验收工作不到位导致的设备质量事件。

（3）应派专人全程配合验收工作，为验收人员开展工作创造条件，及时解答验收人员提出的问题。

二、验收整改

（1）验收实行闭环管理。验收组针对验收发现的缺陷和问题，并综合前期验收、中间验收等环节的遗留问题，统一编制竣工验收及整改记录，交检修指挥部督促整改，在规定时间内进行整改。

如图 7-3 所示的某 10kV 开关柜改造缺陷清单，验收问题汇总后明确整改责任单位和部门、整改时间并签字确认。

110 kV 周巷变 10kV 开关柜改造和监控系统改造工程竣工预验收缺陷清单（20180330）

专业组：　　负责人：林×　　联系方式：　　验收日期：2018.3.30

序号	限期整改问题	整改责任单位	整改完成时间	整改责任人签字	监理复验收意见	建设单位复验意见	复验人签字	备注
	一次问题							
1.	10kV所变开关柜电缆头单螺栓连接	山西晋源						购买电缆头更换
2.	#2 主变开关柜上方母线桥架外壳缺少接地	山西晋源、厂家	4月1日已整改					
3.	10kV 母分柜内接头热缩套未套	山西晋源	4月1日已整改					
4.	母分接地时接地手车解锁不开放，需手动开放	山西晋源、厂家	4月1日已整改					
5.	#1 主变 10kV 开关手车合闸闭锁失灵	山西晋源						返厂检修，4月10日前修复

图 7-3　验收缺陷清单

（2）检修指挥部对验收意见提出的缺陷组织整改。

（3）缺陷整改完成后，由检修单位提出复验申请，指挥部审查缺陷整改情况，组织现场复验，未按要求完成的继续落实缺陷整改。

（4）指挥部根据需要，可采用重大问题反馈联系单方式协调解决。

（5）应保存相关验收及整改记录，责任可追溯、可考核。

（6）所有的缺陷应闭环整改复验后，方可通过竣工验收。

项目八

检修总结

【项目描述】 检修总结是检修工作的最后一环，是检修成果的重要体现。通过本任务的学习，掌握撰写检修总结的内容和要求，并继续开展检修后流程闭环和技术管理提升。

任务一 检修总结要点

【任务描述】 本任务讲解检修总结的要点，包括检修整体情况、项目完成情况、设备遗留问题及所采取的措施、针对性改进措施、检修工作亮点总结、隐患阐述分析和流程的实施与闭环。

【知识要点】

检修总结是指检修项目竣工后 7 天内，对检修计划、检修方案、过程控制、完成情况、检修效果等情况等进行全面、系统、客观的分析和总结。同时，继续开展检修报告和图纸归档、设备隐患上报、遗留问题跟踪、人员技能短板培训等一系列流程的实施和闭环。

1. 检修整体情况介绍

包括检修计划、检修工期、复役情况、检修期间完成的工作票和操作票。

2. 检修项目完成情况

包括常规检修、技改、大修、消缺、隐患排查治理、精益化评价等项目的数量和实际完成情况，以表格的形式做好统计和分析。

3. 设备遗留问题及所采取的措施

列出本次检修工作还存在的遗留问题，说明原因，分析对安全运行的影响以及拟采取的措施。例如检修过程中发现的缺陷或隐患，以及采取的解决方法。

4. 提出针对性改进措施

每一次检修工作总会存在不足，针对工作中呈现的不足之处，应分清主次、轻重缓急，一一总结，举一反三，提出针对性改进措施。从检修踏勘、检修工作许可和安措执行、检修质量、检修标准化作业、检修过程安全把控、现场文明生产、验收等环节，对照标准，查找总结不足，并提出针对性的改进措施。

5. 检修工作亮点总结

工作过程中呈现的好方法、好技术、好装备，均可以认真梳理，写入检修总结中。从检修安全把控、检修工艺质量、检修准备、文明生产、验收等环节中，提炼出工作亮点，固化检修成果。

6. 检修隐患详细阐述

检修发现的隐患是在检修过程中被发现的设备缺陷或安全隐患，是体现检修技能水平的重要环节，应从现场安全环境、设备外观、设备性能、检修图纸、反措等方面认真梳理隐患，写入到检修总结中，并提出合理解决措施。

任务二　检 修 后 评 估

【任务描述】 本任务通过讲解检修后评估的主要工作内容，包括检修后资料的归档、物资闭环、隐患处理流程、遗留问题的跟踪及总结模板等，使读者掌握检修后的流程和注意事项，对检修任务结束进行正确的闭环和处理。

【知识要点】

（1）检修工作的检修资料，包括试验报告、检修执行卡、工作票等按要求及时归档。

（2）检修工作的相关物资，包括废旧物资、备品备件等，履行相关手续，及时闭环。

（3）对检修发现的隐患，及时分析，汇报给专业主管部门，并采取合理的解决措施。

（4）对检修后遗留问题，及时汇报相关部门和个人，提供合适的处理措施，并按要求跟踪。

(5) 对检修中发现的人员技能短板，积极开展针对性培训，提高人员技能水平。

(6) 对检修过程中发现的问题进行汇总，开展技术攻关。

检修总结模板如下：

________站检修总结（模板）

一、检修总体情况介绍

本次检修计划工期为××××年××月××日至××日，共×天。××月××日××：××分，调度下令年修工作开工，××月××日，检修工作全部完成并于×××分向调度报完工。××：××分××投入运行正常。本次检修期间完成×××个操作任务、共操作××办理工作票××张，其中一种票××张、二种票××线路一种票××张、抢修单××张。工作票及操作票合格率××%。

二、检修项目完成情况

（一）常规项目完成情况

本次检修计划完成常规项目××项，实际完成××，计划完成率×%。项目及完成情况见附表1。

（二）技改项目完成情况

本次检修计划完成特殊项目××项，实际完成××，计划完成率×%。项目及完成情况见附表2。

（三）大修项目完成情况

本次检修计划完成技改项目××项，实际完成××，计划完成率×%。项目及完成情况见附表3。

（四）消缺项目完成情况

本次检修计划完成消缺治理项目××项，实际完成××项，计划完成率×%。项目及完成情况见附表4。

（五）隐患治理项目完成情况

本次检修计划完成隐患治理项目××项，实际完成××项，计划完成率×%。项目及完成情况见附表5。

（六）精益化评价整改项目完成情况

本次检修计划完成精益化评价整改项目××项，实际完成××项，计划完成率×%。项目及完成情况见附表6。

三、目前设备遗留问题及所采取的措施

列出变电站还存在的遗留问题，说明原因，分析对安全运行的影响以及拟采取的措施。遗留项目及采取的措施见附表7。

若有其他需要详细说明的事项，请附上详细报告。

附表1　　常规项目完成情况

序号	常规修试项目	完成情况	备注
1			
2			
3			

附表2　　技改项目完成情况

序号	技改项目	完成情况	备注
1			
2			
3			

附表3　　大修项目完成情况

序号	大修项目	完成情况	备注
1			
2			
3			

附表4　　消缺项目完成情况

序号	消缺项目	完成情况	备注
1			
2			
3			

附表 5　　　隐患治理项目完成情况

序号	隐患治理项目	完成情况	备注
1			
2			
3			

附表 6　　　精益化评价整改项目完成情况

序号	精益化评价整改项目	完成情况	备注
1			
2			
3			

附表 7　　　遗留问题及控制措施

序号	遗留问题	控制措施	备注
1			
2			
3			

参　考　文　献

[1]　国网（运检/3）831—2017《国家电网公司变电检修通用管理规定（试行）》

[2]　Q/GDW 1799.1—2013《国家电网公司电力安全工作规程（变电部分）》